自愈力

打开自愈本能,安顿身心,重塑自我!
给内心一次正能量的自愈本能修复,
由内而外改变自己的生活!

孙郡锴 编著

中国华侨出版社

图书在版编目（CIP）数据

自愈力／孙郡锴编著．—北京：中国华侨出版社，2016.3
ISBN 978-7-5113-5995-7

Ⅰ．①自… Ⅱ．①孙… Ⅲ．①成功心理－通俗读物
Ⅳ．①B848.4-49

中国版本图书馆CIP数据核字（2016）第041954号

● 自愈力

编　　著／	孙郡锴
责任编辑／	文　喆
封面设计／	一个人 · 设计
经　　销／	新华书店
开　　本／	710毫米×1000毫米　1/16　印张／16　字数／223千字
印　　刷／	北京一鑫印务有限责任公司
版　　次／	2016年6月第1版　2019年8月第3次印刷
书　　号／	ISBN 978-7-5113-5995-7
定　　价／	36.00元

中国华侨出版社　北京朝阳区静安里26号通成达大厦3层　邮编100028
法律顾问：陈鹰律师事务所
编辑部：（010）64443056　64443979
发行部：（010）64443051　传真：64439708
网　　址：http://www.oveaschin.com
e-mail：oveaschin@sina.com

前 言

有一个古老的故事：

在北方一个穷困的村庄里，干旱的天气一连持续了数月之久，苦恼而烦躁的村民只好请法师来呼风唤雨。法师在村庄里走了一圈，却什么也没做，只要求村民在村外搭一间草房。之后，他仍然什么都不做，只要求村民们在接下来的一个星期里定时为他准备饭菜，村民们虽然焦急，但实在无法可想，只好照做……就这样，一周过去了，这个地方竟然真的下起了雨！村民们问法师究竟做了什么，法师说："我并没有做法事，我刚来的时候，你们村子乱作一团，所以天也不下雨，之后你们每天为我送饭，恢复了有规律的生活，老天自然就下雨了！"

这个叫作"求雨者"的故事虽然有些神话色彩，但却是荣格早年在谈到心灵治愈时必定会先讲的故事，这是因为其中包含了分析心理学心灵治愈的全部要素。

在这个故事中，村民们先是烦躁和慌乱的，在法师看来，他们的生活与自然界是不和谐的，正是这种不和谐阻碍了自然界用雨水滋养生命的自然而然的过程。分析心理学对心理障碍的看法也是如此，人生的困扰就像是干旱的天气，它来自个体心理与自我、与他人、与社会的不和谐。因此，人们就像故事中村民的饥渴一样，失去了社会的滋养。

换言之，人类高度进化的自我意识在帮助我们能动地改造世界的同时，也为我们带来相应的麻烦，那就是自我意识与世界的分裂，以及由此而产生的各种困扰。

自愈力，就是要整合这种分裂，帮助心灵重返自然而然的原本状态，自愈力无须外部强加的任何力量，因为真正治好心灵的是心灵自己。

即自愈的产生不是依靠外界的能量补偿，而是来自自身系统中的能量转化。当我们被某种情结所困扰时，这个情结就成了有自主权的"它物"，这个"它"在这段时间里占据了我们内在的能量，相对地，我们则失去了同等的内在能量。通过心灵自愈功能的唤起，情结重新归顺到我们的控制之中，这样，我们就又重新拥有了从情结那里得到力量。

本书以我们每个人与生俱来的心灵自愈能力为主线，选取了生活中最常见的"情绪困扰""情感困扰""心灵困扰""性格困扰"四大方面，细分为十六个章节，一步步地介绍如何寻找及应用这种能力。语言质朴平实，道理浅显易懂，是不可多得的实用心理类、成功类书籍。

目　录

第一章　情绪自愈力：
一切对人不利的影响中，杀伤力最大的就是不良情绪

　　大多数成功的人，在控制情绪上能收放自如。这时候，情绪已不仅仅是表达情感，更是一种重要的生存智慧。如果无法控制自己的不良情绪，随心所欲，为所欲为，就会给自己带来毁灭性的灾害。若能够很好地控制自己的情绪，就会化险为夷。情绪自愈力，就是通过唤醒内在的力量，控制情绪动态，使好情绪日渐丰盈，不良情绪逐渐消除。

1. 屈从于愤怒，是为他人的罪过向自己复仇

　　暴躁症：烧毁幸福的人格障碍 / 2
　　坏脾气总是会让人付出代价的 / 5
　　瞬间爆发的怒火，会造成一生无法挽回的后果 / 9
　　你没有权力把坏情绪传给别人，包括家人 / 11

2. 烦恼是心智的沉溺，清醒是唯一的出口

　　人的烦恼，多是自己凭空虚构的 / 15

境由心造，烦恼需自渡 / 18

不太在意，便不会太失意 / 22

别让琐事赶走生活中的快乐 / 25

强行将自己困在回忆之中，只会倍感煎熬 / 27

让浮躁的情绪平静平静 / 30

3. 抱怨是往鞋子里倒水，越抱怨自己越难受

抱怨会让人陷入负面生活，是最消耗能量的无益举动 / 34

你眼中生活的灰暗，其实源于你内心的阴霾 / 37

把抱怨的心情化为上进的力量 / 40

只有争取到的富贵，没有抱怨来的地位 / 43

别怪别人在你不好的时候逃跑，从此你要活得更好 / 46

4. 忍耐是痛苦的，但是它的结果却是甜蜜的

冲动是魔鬼，你永远都要为自己的行为埋单 / 50

事不三思终有悔，人能百忍自无忧 / 53

笑到最后的人才是笑得最美的 / 56

第二章　情感自愈力：
人为情感所支配，行为便没有自主之权，而受命运的宰割

　　人有七情六欲，因为种种原因，都会在某一个阶段，产生某些特别的情感。这其中最毁人于无形的，就是负面情感。负面情感虽然看不到、摸不着，但我们每个人都能感受到它的存在。负面情感就存在于日常生活与工作的方方面面中，对我们产生着影响。负面情感是环境因素给我们造成的一种紧张感，人如果被负面情感所支配，行为便没有了自主权，这种情况过于持久则会使我们的生活变形。

1. 孤独，可以是忧愁的伴侣，也可以是精神活动的密友

无法自控的孤独情绪，是一种严重的人格障碍 / 60

没有交流和沟通的心灵，只能是一片死寂 / 63

用内心迎接这个世界，否则生活会坍塌 / 66

不被理解的孤独，可以转化为鲜艳的绽放 / 68

向往自由的孤独，何尝不是一种享受 / 72

2. 如果不懂宽恕，生命会被无休止的仇恨和报复所支配

仇恨会使人丧失理智，犯下大错 / 75

如果你心胸狭隘，就难以承担重任 / 77

宽恕别人的同时，也是在宽恕自己 / 80

一个人的胸怀能容得下多少人，就能赢得多少人 / 82

3. 忌妒是一种软弱的傲慢，使他人和自己两败俱伤

忌妒像一把看不见的钢刀，瞬间刺瞎人的心 / 85
忌妒别人，其实是潜意识觉得自己不如别人 / 87
在忌妒的蒙蔽下，人往往会做出愚蠢的举动 / 91
能够欣赏别人，就是战胜了自己 / 93

4. 分手了就做回自己，一个人的世界同样有月升月落

爱情本身具有一定的可变性 / 97
不能爱了，就不要一直怀念 / 99
打开双手，世界就在你手中 / 101
告诉自己，离开你是他的损失 / 103
对不爱自己的人，最需要的是理解、放手和祝福 / 107
如果不能留住，就大度地成全 / 109

第三章 心灵自愈力：
你的心灵常常是战场，在这个战场上，理性与非理性一再鏖战

人类高度进化的自我意识在帮助我们能动地改造世界的同时，也为我们带来相应的麻烦，那就是自我意识与世界的分裂，以及由此而产生的各种困扰。

自愈力，就是要整合这种分裂，帮助心灵重返自然而然的原本状态，自愈力无须外部强加的任何力量，因为真正治好心灵的是心灵自己。

目 录

1. 幸福，不在于物质，而在于心态

心态决定着一个人的命运和前途 / 114

心态不好，智商再高也没用 / 116

幸福取决于心态，而不是物质 / 118

心态沉稳，才能做出正确判断 / 121

心态好的人，更容易收获爱情 / 124

改变不良心态，就是在改变糟糕的命运 / 125

2. 纯朴者是何等有福，因为他们享受着极大的宁静

不要拒绝生活的平淡，幸福就蕴藏其中 / 131

当我们过分迷恋金钱时，心灵就会变得畸形 / 134

想明白，赚钱究竟是为什么 / 137

别被虚名所累，活得自在一点 / 141

为欲望设个底线，它才不会毁掉你的幸福 / 144

实实在在地生活，别去追求得不到的东西 / 146

3. 毁于虚荣心的人，比毁于爱情的还要多

虚荣——生命中的易碎泡沫 / 150

虚荣心实际上是一种扭曲的自尊心 / 153

攀比是焚毁幸福的毒火 / 156

讲排场要不得 / 160

量力而行，切莫打肿脸充胖子 / 162

4. 生命的低谷处，才是你最可贵的所在

障碍与失败，是通往成功的踏脚石 / 165

生命里的缺憾，亦可转化为人生中的惊喜 / 167

逆境只是一个过程，而不是结局 / 170

面对痛苦微笑，生活也会对你微笑 / 173

当坚强成为一种习惯，便没有痛苦可以将你羁绊 / 176

不必逆来顺受，但要学会顺其自然 / 178

第四章 性格自愈力：
一个人失败的原因，在于本身性格的缺点，与环境无关

俗话说"江山易改，禀性难移"，事实上这种说法是片面的，性格有一小部分是天生，却有很大一部分是经过后天塑造而成的。艰难困苦，玉汝于成，自古雄才多磨难；生于忧患，而死于安乐，是智者与愚者的不同命运。塑造性格的主动权不在命运手中，而在每个人自己的手中。

1. 有人不太看重自己的力量，这就是他软弱的原因

轻视自己，是性格上最大的软弱 / 182

只有自尊与自信，才能让我们感觉到自己的能力 / 186

自信的性格是成功的第一秘诀 / 189

即便遭到别人质疑，你也要相信自己 / 191

做一个更了不起的人 / 194

真心喜欢你自己 / 196

目 录

2. 人多不足以依赖，要生存只有靠自己

依赖是对人生的一种束缚 / 201

你是独一无二的 / 204

保持和发扬自己的特殊性 / 206

生命的负重还要自己托起 / 208

靠自己才能天长地久 / 211

3. 你生命中所有的残忍，多是由胆怯产生的

恐惧，源于你对这个世界的未知 / 213

害怕会让机会溜走 / 216

恐惧让你与成功无缘 / 219

战胜心里的魔鬼 / 221

一味逃避不如勇敢直面 / 224

4. 人生中的失败者，往往是不能坚持到成功的人

生命的绽放有时需要去等待 / 228

人生中的失败者，往往是不能坚持到成功的人 / 231

生活就像海洋，唯有意志坚定的人才能到达彼岸 / 234

放弃的念头，极易毁掉之前所有的努力 / 237

不寻常的事业往往源于不寻常的坚持 / 239

再试一次，结果也许就大不一样 / 241

第一章 情绪自愈力：
一切对人不利的影响中，杀伤力最大的就是不良情绪

大多数成功的人，在控制情绪上能收放自如。这时候，情绪已不仅仅是表达情感，更是一种重要的生存智慧。如果无法控制自己的不良情绪，随心所欲，为所欲为，就会给自己带来毁灭性的灾害。若能够很好地控制自己的情绪，就会化险为夷。情绪自愈力，就是通过唤醒内在的力量，控制情绪动态，使好情绪日渐丰盈，不良情绪逐渐消除。

1. 屈从于愤怒，是为他人的罪过向自己复仇

愤怒，在现代心理学中，与快乐、悲哀、恐惧等并列称为人类基本的原始情绪。人人都具有喜怒哀惧之情，人人都可能产生愤怒。愤怒中仍能保持温和的人，确实更有头脑。而因愤怒发狂的人，常以悔恨结束。

暴躁症：烧毁幸福的人格障碍

近年来，由于小摩擦而引发的恶劣事件屡见报端，人们的脾气似乎变得越来越差。生活中，很多人稍不顺心就横眉冷对，有时一言不合便拳脚相加，亲戚邻里之间不能和谐相处，同事朋友之间动不动就红脸，恋人爱人之间亦是战火不断。有人说，这是因为中国人好面子，骨子里就不知道发生冲突时如何采用和平的、礼貌的、绅士的、善意的方式进行沟通。这话有一定的道理，但不可忽略的

是，随着生活压力的不断增大，一种常被人们忽视的人格障碍——暴躁症，正在不断加重它对都市人生活的影响。

暴躁症，其典型特点就是脾气暴躁，压不住火，一受到不利于己的刺激就暴跳如雷。程度较轻者尚可自我控制，譬如有的暴躁之人，他们在单位尚能够克制自己的委屈和愤怒，表现良好，只有回到家中才会将压抑的情绪释放出来，拍桌子、砸椅子，甚至实施家庭暴力。而有一些则不然，暴躁到了一定程度，可以说沾火就着，激动、愤怒、与人争吵，本人根本无法控制，常给人一种惹不得的感觉；再重一点，则会表现为伴有冲动行为的情绪爆发，来势凶猛而残暴，可伤人、毁物、纵火，造成妨害公共秩序、伤害他人健康等后果。

然而，由于这种人格缺陷带有一定的隐蔽性，甚至在特定的情境下还会被人们称赞（譬如我们熟知的水浒人物花和尚鲁智深，这个人就是典型的暴躁症，他冲动起来根本不计后果，完全没有理性可言，他的暴躁大多被"行侠仗义"的幌子所掩盖了），所以多数时候，当事者及其身边的人往往难以察觉，只以为是"火气大、脾气急"，正是这种错误的认知，将少数当事者推入了深渊。

曾听说过这样一件事，说是有这样一家人，夫妻俩都脾气暴躁，但孩子却懂事乖巧。这对夫妻省吃俭用打拼了好几年，终于买上了梦寐以求的小汽车，自然分外珍惜。这天，父亲发现儿子在车前盖上乱画，顿时怒火中烧，抓过孩子就是一顿暴打。然而，当父亲再次来到车前时才发现，原来儿子是在车上写了这样一行字——"爸爸，妈妈，我永远爱你们"

愤怒，人性中最黑暗、令人坐立不安的负面情绪。一旦我们的生活被它所控制和影响，那将会伤害到我们的健康、破坏我们和亲人的关系，让我们更难得到幸福、健康的生活。

脾气暴躁接踵而来的就是抑郁症，所以不要小看它的危害，除了会导致抑郁症发作之外，还会严重影响人的七情六欲，最终脾气暴躁的人会变得不可理喻。

纠正暴躁症，一方面，当事者要认清它的危害及其形成的原因，认识到这种人格障碍是可以通过自我教育得到扭转的；另一方面，要学会控制自己的情绪，尽量回避容易引起自己愤怒的情境，学会容忍，学会宽容。

① **学会尊重**

人与人之间是平等的，人格要互相尊重。芝麻小事就大发雷霆，极力彰显你的不满，这是一种侮辱他人人格的行为。一个不懂得尊重别人的人，必然也得不到别人的尊重，甚至只能得到别人的轻视。

② **换位思考**

想要发脾气时，站在对方的角度上考虑一下：他为什么会这么做呢？他是不是有什么原因或苦衷？他会不会是无意的呢？如果都能够这样去思考，那么很多时候，就会发现自己根本没有理由迁怒于人，气自然而然会逐渐消退。

③ **管理情绪**

易怒者往往缺乏理性的情绪控制力，因此可坚持情绪管理原则来训练、提高自己的自控能力。情绪管理原则（能力）体现在：当愤怒等负面情绪来临时，不回避——能正视情绪、接受情绪；不压抑——能不带伤害地向外释放，将感觉到的怒气对事不对人；不责备——能直面和转化情绪；不抱怨——能宽容安抚情绪。

④ 放慢下来

易怒的人，首先需改变急躁、快速行事的特点，要求一切放慢下来：吃饭、语速、脚步、做事思维、欲望……总之想到"放慢"是你健康长寿的基础。

⑤ 锻炼耐力

易怒者最大的性格弱点是急，实际是缺乏延迟满足的能力，反映在凡是需要毅力或等待的事情上表现得极度没耐性，动辄脾气大发、潦草行事，所以，暴躁者首先需要培养一种对焦虑、寂寞、无奈感的耐受力。

⑥ 学会宽容

愤怒使人失去判断力，仇恨耗损人的心智。同理，爱使人拥有智慧，宽容使人淡定从容。

坏脾气总是会让人付出代价的

小时候听过一个故事，说有一个人提着网去打鱼，不巧下起了大雨，他一赌气将网撕破。网撕破了还不够，又因气恼一头栽进池塘，从此就再也没有爬上来。小时候想，世上哪有这样的傻子，这一定是个骗人的故事。现在想起来，这个故事还是很有意义的。

愤怒，就精神的配置序列而论，属于野兽一般的激情。它能经常反复，是一种残忍而百折不挠的力量，从而成为凶杀的根源，不幸的盟友，伤害和耻辱的帮凶。

据说，有一个法官在宣判一个杀人犯死刑以后，走到他的面前，对他说："先生，请问你还有什么话要对你的家人说吗？"谁知那个囚犯毫不领情，他怒吼道："你去死吧，你这个伪君子、混蛋、刽子手，你对我的裁决一点也不公正！"法官受此辱骂，自然非常生气，他对着囚犯非常粗鲁地责斥了十几分钟。然而，法官刚一说完，囚犯的脸上立即露出了笑容，这一次，他很平静地对法官说："法官先生，您是一个受人尊敬的大法官，受过高等教育，读了很多书，可以说是一个文明人，可是，我只不过是骂了您几句而已，您就如此失态；而我，一个文盲，小学没毕业，大字不识一个，做着卑微的工作，因为别人调戏我老婆，我一时冲动，杀死了对方，而最终成了死刑犯。虽然我们的结果不一样，但有一点却是一样的，那就是我们都是情绪的奴隶！"

当我们对着他人充满愤怒地咆哮时，我们的情绪就在被对方牵引着滑向失控的深渊。情绪控制对于每个人而言都是一个非常大的挑战，尤其是愤怒的情绪，更是如此。因为坏脾气总是会把我们的人生搞得一团糟，这不单单会影响我们的心情，还有可能会影响到我们与朋友之间的友谊，与家人之间的和睦，甚至改变我们一生的走向。怎么说我们也已经是个成年人了，不能再像个孩子一样任性，

第一章　情绪自愈力：
一切对人不利的影响中，杀伤力最大的就是不良情绪

我们应认识到，被坏情绪所左右会给我们的人生带来多么严重的后果。所以当你生气的时候，你要自己提醒自己，不要因为自己的恶劣情绪，做出伤人害己的事情来，否则，你就会为自己的坏脾气付出代价。

肖某是一个白手起家的大老板，他的事业做得很大，但与员工的关系却并不好，原因是他的脾气太暴躁，骂起员工来一点也不给人留面子。员工私下里说，一定是老板当打工仔时受了太多气，现在把气都发到他们头上来了。肖某的一个老朋友看到他这样对待员工后，叹息着说："你的脾气太大了，太能摆架子了，你想做垃圾堆里的老板吗？"后来肖某果然尝到了坏脾气的恶果：他那些得力的助手一个个离开他，他发现自己再也没有什么可指挥的了，事业也急转直下。

生活不可能平静如水，人生也不会事事如意，人的感情出现某些波动也是很自然的事情。可有些人往往遇到一点不顺心的事便火冒三丈，怒不可遏，乱发脾气。结果非但不利于解决问题，反而会伤了感情，弄僵关系，使原本已不如意的事更加雪上加霜。与此同时，生气产生的不良情绪还会严重损害身心健康。

美国生理学家爱尔马通过实验得出了一个结论：如果一个人生气10分钟，其所耗费的精力，不亚于参加一次3000米的赛跑；人生气时，很难保持心理平衡，同时体内还会分泌出带有毒素的物质，对健康十分不利。

虽然人人都有不易控制自己情绪的弱点，但人并非注定要成为自己情绪的奴隶或喜怒无常性格的牺牲品。当一个人履行他作为人

的职责，或执行他的人生计划时，并非要受制于他自己的情绪。要相信人类生来就要主宰、就要统治，生来就要成为他自己和他所处环境的主人。一个性格受到良好调控的人，完全能迅速地驱散自己心头的阴云。但是，困扰我们大多数人的却是，当出现一束可以驱散我们心头阴云的心灵之光时，我们却紧闭着心灵的大门，试图通过全力围剿的方式驱除心头的情绪阴云，而非打开心灵的大门让快乐、希望的阳光照射进来，这真是大错特错。

我们应该是情绪的主人，而不是情绪的奴隶。

想想我们的坏脾气给自己的生活带来了多么大的麻烦吧！当你用一张死板的面孔面对自己的同事和下属的时候，当你用不耐烦的口气挂断父母电话的时候，当你回到家对自己的家人大吵大嚷的时候，他们都将会以怎样的心情承担坏脾气带来的不良氛围呢？长此以往，你一定会变成一个不受欢迎，被别人敬而远之的人。因为别人也是人，别人也同样有自己的脾气，没有人能够永远地去包容你的坏脾气，更不会有人能长时间地去容忍因为你的坏性格给自己带来的麻烦。所以，我们应该努力管理好自己的情绪，以豁达开朗、积极乐观的健康性格去工作、去生活，而不是让急躁、消极等不良性格影响到我们自己和身边那些最爱的人。我们不要让自己的情绪影响自己的心情，更不要让自己的坏脾气影响到别人的心情。毫无疑问，我们应该成为自己情绪的主人，这样才能营造一个健康快乐的人生。

瞬间爆发的怒火，会造成一生无法挽回的后果

愤怒使人失去理智，其结果往往是糟糕的，甚至糟到不可收拾的地步。所以古人为了教导我们，留下了"怒思祸"三字经。

要知道，有时候生气伤害的不仅仅是你自己的身心、你的家庭，你会破坏更多人的生活。当破坏与伤害程度足够严重的时候，我们说，那就是你的罪。

22岁的陈某与朋友在一家砖厂开车运砖。那天早晨8点多，二人开着农用车给附近一家照明企业运砖。当时，车子由于卸完砖后没有熄火，疏忽中与同来运砖的另一辆停着的农用车发生刮擦，造成对方的农用车大灯、反光镜等破裂。发生刮擦后，双方也谈妥了赔偿事宜，并让陈某载着对方的妻子去买配件。陈某驾车向城内开去，跑了两家配件店都没能买到相应的配件。在车子开向另一家汽配中心的途中，由于对方的妻子在车上一直唠叨，让陈某很是恼火，谁知这时车子又突然熄火，这无疑更加重了陈某心中的火气。他气急败坏地打开副驾驶车门，将对方妻子推出车外，塞给她30元钱，让她自己打车回去。对方妻子不依。陈某在将车子开上桥时，对方妻子一直用手攀住车门，并且大喊大叫。在下桥时，丧失理智的陈

某猛踩油门，将她一下甩出车外，车后轮碾过她的身子。看到这情形，陈某自知闯祸了，开车就逃，并把车子藏了起来，然后乘车折回现场，看到地上一大摊血后，自知不妙的陈某逃往外地。

然而，天网恢恢，疏而不漏。在公安部门的大力侦破下，不几日陈某便落入法网，等待他的将是法律严厉的制裁。

只是为了生活中微乎其微的小事，一个生命就这样魂游天国，一个大好青年就这样身陷囹圄，等待陈某的不仅仅是法律的制裁，更多的会是良心的谴责。其实，如果双方当时都能对自己的情绪稍加控制，这起命案应该是不会发生的。

其实，生活中像陈某这样爱冲动的人并不少。这些人只要情绪一来，就什么都不顾，什么话难听说什么，什么事气人做什么，甚至不惜触犯法律，这是因为人的"情绪化"在作怪。

理论上说，人的行为应该是有目的、有计划、有意识的，这是人与动物的本质区别之一。但是，人的情绪化却能将这些全部颠覆，使人完全"跟着情绪走"，一遇什么不顺心的事，情绪就像一个打足了气的球一样，立即爆发出来；一旦自己的心理欲求无法满足，就会异常的愤怒。情绪化严重的人，给人的感觉就是——喜怒无常。

像陈某这样的人，应该学会正确地认知、对待社会上的各种矛盾。有很多情绪化行为都是由不会认知、不善处理人际矛盾引起的，所以一定要学会认识问题的方法，不能走极端，这样才能控制自己的暴戾情绪，使事情朝着好的方向发展；要学会全面观察问题，多看主流，多看光明面，多看积极的一面，从多个角度、多种观点进行多方面的观察，并能深入到现实中去；另一方面，要学会正确释放、宣泄自己的消极情绪，别让自己成为"高压锅"。

你没有权力把坏情绪传给别人，包括家人

纵是圣贤，也免不了心生怨气。怨怒极易传染和循环。当你遇到"怨怒循环"时，你是继续传递它，还是用宽容和爱心去终结它？如果你忍下了一时之气，那么你就是"怨怒循环"的终结者。

一家公司的老板正在气头上，他对公司经理大声斥责。

经理回到家对妻子大声斥责，说她太浪费了，因为他看到餐桌上的饭菜太丰盛了。

妻子对儿子大声斥责，因为他干什么都慢悠悠的。儿子对保姆大声呵斥，因为保姆打碎了一个碟子。

保姆没好气地去扔碎碟子，伤着了一位行人。

行人是一位妇人，她哭闹一番后赶紧去医院治伤。她对护士大声呵斥，因为护士上药时弄疼了她。

护士回到家里对母亲大声斥责，因为母亲做的饭菜不合她的口味。

母亲并不生气，温和地对她说："好孩子，明天我一定做你合

口的。你忙了一天一定很累，吃了饭就休息吧，我给你换了一床新被子……"

"怨怒循环"终于在善良的母亲这里融化了。

怨怒是一种疾病，在人的心里制造痛苦，并通过痛苦的心传播蔓延。问题是，你愿不愿接受它的传染？愿不愿它给你带来痛苦？愿不愿再把痛苦送给更多的人？

徐先生是当地非常出名的企业家，属于比较典型的"强人"。他在事业上非常要强，在家里也是一样，觉得谁都应该听他的，不容家人有丝毫违逆。这导致他与儿子关系并不是很好，徐先生认为儿子不听话，而儿子则认为父亲太霸道，常将一些想法强加给自己。徐先生的做派甚至连妻子都看不惯，而且他对妻子也是一样，他要求妻子在家照顾孩子，给她足够多的钱，但不允许她干涉他的事。这让他的妻子感觉很累，感觉与徐先生这样的人在一起，一点生活情趣都没有。一家人很苦恼。

像徐先生这样的人不在少数，他们在外所表现出来的"强"与成功，很多人都看得到。比如说在单位里是领导，地位高、有威严；在经济上是富户，买车买房买商铺。但别人看不到的是，他们其实一直在压制自身那些"弱"的东西，根本不让这些"弱"的东西表现出来。

其实，像徐先生这一类人最容易崩溃。为什么呢？因为"好强"的个性使他们的"弱"得不到表达，可是，如果一个人不懂得适当的示弱，那么他的弹性、宽容度显然就不够了。这就好比你把一个弹簧不断地拉紧再拉紧，不给它放松的机会，那么到了最后这个弹簧就会失去弹性一样,当他们的"强"到了极限时,就很容易走向崩溃。

另一方面,可以说徐先生这样的人完全没有搞清楚自己的角色。在事业上表现出自己强的一面,这无可厚非,因为那里存在着一种竞争、弱肉强食的关系;然而回到家中,仍然摆出一副高高在上的样子,这就是把工作角色和家庭角色混淆了,这种行为明显已经"越界"了。

只有张没有弛,这显然不是人生之道。这世上绝大多数人都不是圣人或伟人,如果一个平凡人非要拿圣人、伟人的标准来要求自己,非要处处都表现出一副圣人、伟人的样子,那么肯定是要压抑很多东西的,这些东西得不到合理的宣泄,终究是心理健康的隐患。

久而久之,极易产生两种极端情况:

一是家里家外都发脾气,这种人心理成熟度不高,情绪易波动,缺乏足够的理智;

二是在外人面前彬彬有礼、举止得体,甚至风度翩翩,一回到家中就完全变了一个人,脾气暴躁、随意发火,而如果家庭成员也不自觉地用负面情绪回应他,那么这个家就会变成硝烟弥漫的战场。

所以说,对待情绪这个东西,不能老压着,老压着易崩溃;老发泄,也不对。应该是该压着的时候就压着点,该发泄的时候就发泄点儿,两者都别走极端。

我们应该把工作和娱乐协调好,奋斗和休闲协调好,事业和情感协调好。要远离强人"强迫症",过丰富而轻松的生活。像徐先生这类人,自我心理调整的最根本原则就是要把工作和生活区分开,别让家庭和事业混在一起。工作、事业上有了压力，感觉自己快要承受不住了，那么回家以后就适当倾诉一下，在家人的理解、支持与安慰下，压力肯定能够得到有效缓解。需要注意的是，这个时候要摆正自己的态度，我们是向家人求助，而非迁怒。一般而言，越是成功的人越放不下身段，家里家外都是如此，严格地说这并不正常，这会严重影响家庭关系。

"强人"们若想处理好工作与生活、事业与家庭的关系，就要学会示弱，在家里要懂得示弱，在工作中同样如此。理论上来说，每当你有过一次强的表现以后，就应该再找一次弱的表现机会。这样做的意义在于，让别人知道我们并不是无所不能、无坚不摧，让别人意识到我们也是凡夫俗子，那么别人就会对我们更加宽容，也就会给我们留下更多的回旋余地和后退空间。

2. 烦恼是心智的沉溺，清醒是唯一的出口

烦恼是心智的沉溺。小小的烦恼，只要一开头，就会渐渐地变成比原来厉害无数倍的烦恼。一个人如果思虑过多，就会失去做人的乐趣。

人的烦恼，多是自己凭空虚构的

春花秋月，夏风冬雪，皆是人间胜景，令人赏心悦目，心旷神怡。然而我们总是不能欣赏当下拥有的美好，而是怨春悲秋，厌夏畏冬，或者是在夏天里渴望冬日的白雪，而在冬日里又向往夏天的丽日，永无顺心遂意的时候。这是因为总有"闲事挂心头"，纠缠于琐碎的尘事，从而迷失了自我。只要放下一切，欣赏四季独具的情趣和韵味，用敏锐的心去感悟体会，不让烦恼和成见梗住心头，便随时随地可以体悟到"人间好时节"的佳境。

一个无名僧人，苦苦寻觅开悟之道却一无所得。这天他路过酒楼，鞋带散了。就在他整理鞋带的时候，偶然听到楼上歌女吟唱道："你既无心我也休……"刹那之间恍然大悟。于是和尚自称"歌楼和尚"。

"你既无心我也休"，在歌女唱来不过是失意恋人无奈的安慰：你既然对我没有感情，我也就从此不再挂念。虽然唱者无心，但是无妨听者有意。在求道多年未果的和尚听来，"你既无心我也休"却别有滋味。在他看来，所谓"你"意味着无可奈何的内心烦恼，看似汹涌澎湃，实际上却是虚幻不实，根本就是"无心"。既然烦恼是虚幻，那么何必寻找去除烦恼的方法呢？

只要我们正在经历生活，就免不了会有一些事情占据心间挥之不去，让我们吃不下、睡不着，然而这些事情却并没有重要到让我们非装着不可的地步，只是我们庸人自扰罢了。

有一位成功的商人，虽然已经身价千万，但似乎从来不曾轻松过。

他下班回到家里，刚刚踏入餐厅中。餐厅中的家具都是胡桃木做的，十分华丽，有一张大餐桌和六张椅子，但他根本没去注意它们。他在餐桌前坐下来，但心情十分烦躁不安，于是他又站了起来，在房间里走来走去。他心不在焉地敲敲桌面，差点被椅子绊倒。

他的妻子这时候走了进来，在餐桌前坐下。他说声你好，一面用手敲桌面，直到一个仆人把食物端上来为止。他很快地把东西一一吞下，他的两只手就像两把铲子，不断把眼前的食物一一铲进

第一章　情绪自愈力：
一切对人不利的影响中，杀伤力最大的就是不良情绪

口中。

　　吃过晚餐，他立刻起身走进起居室。起居室装饰得富丽堂皇：意大利真皮大沙发，地板上铺着土耳其的手织地毯，墙上挂着名画。他把自己投进一张椅子中，几乎在同一时刻拿起一份报纸。他匆忙地翻了几页，急急瞄了瞄大字标题，然后，把报纸丢到地上，拿起一根雪茄。他一口咬掉雪茄的头部，点燃后吸了两口，便把它放到烟灰缸去。

　　他不知道自己该怎么办。他突然跳了起来，走到电视机前，打开电视机。等到画面出现时，又很不耐烦地把它关掉。他大步走到客厅的衣架前，抓起他的帽子和外衣，走到屋外散步。他持续这样的动作已有好几百次了。他在事业上虽然十分成功，但却一直未学会如何放松自己。他是位紧张的生意人，并且常常放不下公司里的那些琐碎事情。他没有经济上的问题，他的家是室内装饰师的梦想，他拥有四辆汽车，但他却无法放松自己。为了争取成功与地位，他已经付出了自己全部的时间去获得物质上的成就，然而，在他拼命工作、拼命赚钱的过程中，却迷失了自己。

　　过分地投入生活，就会受到来自诸多方面烦恼的干扰，常常令我们身心疲惫、痛苦不堪，然而心病还需心药医，只有我们从内心摆脱这些烦恼的束缚、将它们全部抛开，才能让心灵得到真正的轻松。

　　幸福和快乐原本是精神的产物，期待通过增加物质财富而获得它们，岂不是缘木求鱼？如果我们为了拥有一辆豪华轿车、一幢豪华别墅而废寝忘食；为了涨一次工资而逆来顺受，日复一日地赔

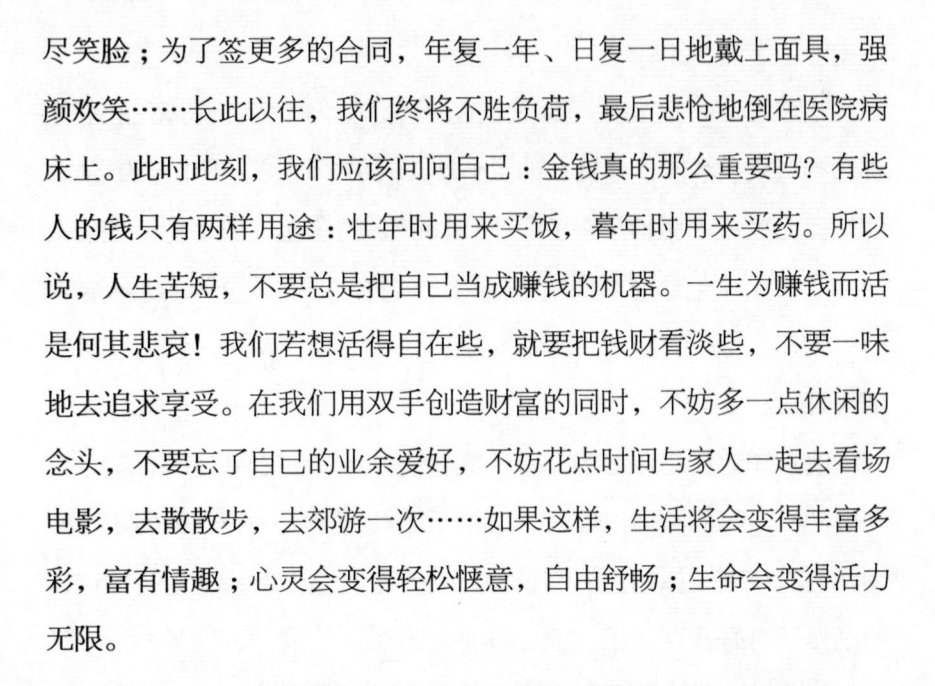

尽笑脸；为了签更多的合同，年复一年、日复一日地戴上面具，强颜欢笑……长此以往，我们终将不胜负荷，最后悲怆地倒在医院病床上。此时此刻，我们应该问问自己：金钱真的那么重要吗？有些人的钱只有两样用途：壮年时用来买饭，暮年时用来买药。所以说，人生苦短，不要总是把自己当成赚钱的机器。一生为赚钱而活是何其悲哀！我们若想活得自在些，就要把钱财看淡些，不要一味地去追求享受。在我们用双手创造财富的同时，不妨多一点休闲的念头，不要忘了自己的业余爱好，不妨花点时间与家人一起去看场电影，去散散步，去郊游一次……如果这样，生活将会变得丰富多彩，富有情趣；心灵会变得轻松惬意，自由舒畅；生命会变得活力无限。

境由心造，烦恼需自渡

其实每个人的心都是自由的，如果你感叹心太累，那么一定是你自己锁住了自己。那么，我们何必做一个自筑牢狱的庸人呢？跳出来吧，快乐正在等着你。

三伏天，书院的草地枯黄了一大片。"快撒点草种子吧！好难看哪！"一个弟子说。

第一章　情绪自愈力：
一切对人不利的影响中，杀伤力最大的就是不良情绪

先生挥挥手："随时！"

中秋，先生买了一包草籽，叫那个弟子去播种。

秋风起，草籽边撒边飘。"不好了！好多种子都被吹飞了。"弟子喊。

"没关系，吹走的多半是空的，撒下去也发不了芽。"先生说，"随性！"

撒完种子，跟着就飞来几只小鸟啄食。"要命了！种子都被鸟吃了！"弟子急得跳脚。

"没关系！种子多，吃不完！"先生说，"随遇！"

半夜一阵骤雨，弟子早晨冲到先生面前："老师！这下真完了！好多草籽被雨冲走了！"

"冲到哪儿，就在哪儿发芽！"先生说，"随缘！"

一个星期过去了，原本光秃的地面，居然长出许多青翠的草苗。一些原来没播种的角落也泛出了绿意。

弟子高兴得直拍手。

先生点头："随喜！"

"随时、随性、随遇、随缘"概括了人生多少自然，多少豁达！不妄求、不贪恋、不慌乱、不躁进，一切自然随意，人生还会有太多的东西可以让你寝食难安，愁眉不展吗？很多的东西都是人人想要的，为此，世事纷争、你恨我怨，但有几人可以如愿？为何不开释自己的心灵，无私无欲？让自己跳出心灵的圈子，卸下包袱，心境恬静一点？

不要幻想生活总是那么圆圆满满，也不要幻想在生活的四季中

享受所有的春天，每个人的一生都注定要跋涉沟沟坎坎，品尝苦涩与无奈，经历挫折与失意。

洒脱一点，得失存乎于世，弃之于心，人生难免看尽落英缤纷，风华早谢。停留与驻足不应该是你人生失意时的选择，抬眼望天，太阳永远光彩夺目，月亮永远以暗夜作幕。生活不可求全责备，披着阳光的色彩前行，生活才会有光明照耀。细细想来，其实你完全可以很快乐，就像这个烦恼少年的经历一样。

有一天，他来到一个山脚下，只见一片绿草丛中，一位牧童骑在牛背上，吹着悠扬的横笛，逍遥自在。

烦恼少年很奇怪，走上前去询问："你能教给我解脱烦恼之法吗？"

"解脱烦恼？嘻嘻！你学我吧，骑在牛背上，笛子一吹，什么烦恼也没有了。"牧童说。

烦恼少年试了一下，没什么改变，他还是不快乐。

于是他又继续寻找。走啊走啊，不觉来到一条河边。岸上垂柳成荫，一位老翁坐在柳荫下，手持一根钓竿，正在垂钓。他神情怡然，自得其乐。

烦恼少年又走上前问老翁："请问老翁，您能赐我解脱烦恼的方法吗？"

老翁看了一眼忧郁的少年，慢声慢气地说："来吧，孩子，跟我一起钓鱼，保管你没有烦恼。"

烦恼少年试了试，不灵。

于是，他又继续寻找。不久，他路遇两位在路边石板上下棋的老人，他们怡然自得，烦恼少年又走上前去寻求解脱之法。

"喔，可怜的孩子，你继续向前走吧，前面有一座方寸山，山上有一个灵台洞，洞内有一位老人，他会教给你解脱之法的。"老人一边说，一边下着棋。

烦恼少年谢过下棋老者，继续向前走。

到了方寸山灵台洞，果然见一长髯老者独坐其中。烦恼少年长揖一礼，向老人说明来意。

老人微笑着摸摸长髯，问道："这么说你是来寻求解脱的？"

"对对对！恳请前辈不吝赐教，指点迷津。"烦恼少年说。

老人答道："请回答我的提问。"

"有谁捆住你了吗？"老人问。

"……没有。"烦恼少年先是愕然，而后回答。

"既然没有人捆住你，又谈何解脱呢？"老人说完，摸着长髯，大笑而去。

烦恼少年愣了一下，想了想，有些明白了：是啊！又没有任何人捆住了我，我又何须寻找解脱之法呢？我这不是自寻烦恼，自己捆住自己了吗？

少年正欲转身离去，忽然面前变成了一片汪洋，一叶小舟在他面前荡漾。少年急忙上了小船，可是船上只有双桨，没有渡工。

"谁来渡我？"少年茫然四顾，大声呼喊着。

"请君自渡！"老人在水面上一闪，飘然而去。

少年拿起木桨，轻轻一划，面前顿时变成了一片平原，一条大道近在眼前。少年踏上大路，欢笑而去。

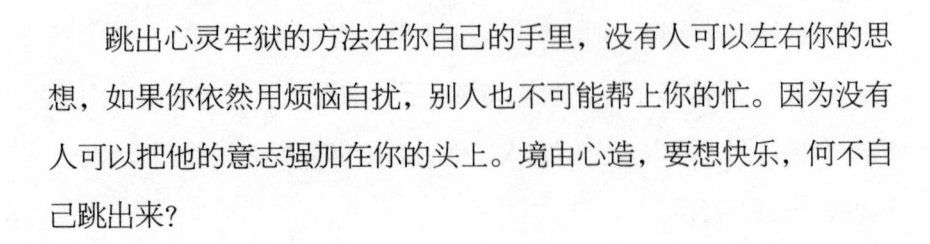

跳出心灵牢狱的方法在你自己的手里，没有人可以左右你的思想，如果你依然用烦恼自扰，别人也不可能帮上你的忙。因为没有人可以把他的意志强加在你的头上。境由心造，要想快乐，何不自己跳出来？

不太在意，便不会太失意

人生最忌讳的就是太在意。在意到为其舍生忘死，一命归西，最终还是免不了一场失意的结局……

太在意只会让你更失意，人生的舞台上，谁没有得与失？或多或少，总有失意的时候。若是执着于此，便难得快乐。

人生需要一些不在意。不在意，任何失意都将随风而去。人生百年，逝者如斯，何不让那些烦恼和忧愁，随着天上白云渐渐飘远，最后消失在漫无边际的天空之中。

平淡是真，别太在意，是内心祥和、物我两忘的一种修养、一种胸怀，更是人生境界的极致。唯有别太在意，才能把心灵超脱，笑看云卷云舒，静观花开花落。唯有别太在意，才能放下包袱，充满乐趣地活着。

乡村有一对清贫的老夫妇，有一天他们想把家中唯一值点钱的

第一章　情绪自愈力：
一切对人不利的影响中，杀伤力最大的就是不良情绪

一匹马拉到市场上去换点更有用的东西。老头牵着马去赶集了，他先与人换得一头母牛，又用母牛去换了一只羊，再用羊换来一只肥鹅，又把鹅换了母鸡，最后用母鸡换了别人的一口袋烂苹果。

在每次交换中，他都想给老伴一个惊喜。

当他扛着大袋子来到一家小酒店歇息时，遇上两个英国人。闲聊中他谈了自己赶集的经过，两个英国人听后哈哈大笑，说他回去准得挨老婆子一顿揍。老头子坚称绝对不会，英国人就用一袋金币打赌，二人于是一起回到老头子家中。

老太婆见老头子回来了，非常高兴，她兴奋地听着老头子讲赶集的经过。每听老头子讲到用一种东西换了另一种东西时，她都充满了对老头的钦佩。

她嘴里不时地说着："哦，我们有牛奶了！"

"羊奶也同样好喝。"

"哦，鹅毛多漂亮！"

"哦，我们有鸡蛋吃了！"

最后听到老头子背回一袋已经开始腐烂的苹果时，她同样不愠不恼，大声说："我们今晚就可以吃到苹果馅饼了！"

结果，英国人输掉了一袋金币。

不要为失去的一匹马而惋惜或埋怨生活，既然有一袋烂苹果，就做一些苹果馅饼好了，这样生活才能妙趣横生、和美幸福，而且，你才可能获得意外的收获。

世上没有吃不了的苦，也没有走不完的路。当你烦恼时，请告诉自己："不必太在意！"当你失恋的时候，不必太在意。因为没有

缘分，所以分手。既然月老还没有把你的姻缘定下来，你又何必太在意呢？

当你工作不顺利时，不必太在意。想一想，你苦恼也好，难过也罢，即使吃不下睡不着，工作也还是要做。所以，最好的办法，就是不去在意它，以一颗平常心去面对现实，去想更好的办法，解决它。

人类的痛苦，大多是因为自己太在意，庸人自扰。比如一个三十而立的人，总是不经意地想要证明自己的成功。有时候，周围的人确实在拿一个标尺衡量你，甚至有时候，这个衡量的标准直接而明显：谁的皮带上有一个"BOSS"标志，谁的钱包拿出来是方格暗纹，谁不小心露出了 paul smith 的字母，谁就是成功人士。然而，这些真的值得那么在意吗？难道这就是生活的真谛吗？

其实，人生就像走路一样，有曲折，有坎坷，有通衢，有美景。面对顺境不要沾沾自喜，面对逆境也不必怨天尤人，只要牢记凡事"不必太在意"，只要热爱生活，以平和的心境去面对人生，面对这大千世界，相信就会走出精彩的人生。

第一章 情绪自愈力：
一切对人不利的影响中，杀伤力最大的就是不良情绪

别让琐事赶走生活中的快乐

　　大多数人的生活都是琐碎的，所遇到的事情是细小的。对于这些小事情，我们要以一种包容平和的心态去面对，学会看开、看淡、看远、看透。唯有如此，我们才能享受到生活本应有的快乐。

　　萨拉是一名职业校对员，她曾校对过的刊物书籍数不胜数。因为职业习惯，即使是在生活中，萨拉也会不自觉地检查单词拼写以及标点符号是否书写准确。当别人讲话时，萨拉总在留意他们的发音是否正确，停顿是否恰当。

　　有一天，萨拉去附近的教堂做礼拜，听牧师朗读一段赞美诗。忽然，萨拉听到他读错了一个单词，她马上就觉得非常不自在，一个校对员的声音在她心里不停地说道："他读错了！牧师居然读错了！"

　　这个时候，一只小飞虫从萨拉眼前慢慢飞过，在她的耳边突然响起了另一个更为清晰的声音："不要盯着小飞虫，忽视了大骆驼。"对呀，怎么能由于一个小错误而忽视了整段赞美诗？过了一段时间，飞虫在萨拉面前稍作停留，然后径直飞走了。萨拉也很快就恢复了

平静。

是啊，因为一个错误的单词就忽视了整段赞美诗，显然是得不偿失的，所以请别让小事干扰了我们的正常生活。

假如我们对生活中诸如穿鞋、走路这样的琐碎小事也怒气不止，斤斤计较，那么心灵就不会得到安歇，就不会变得轻松，甚至会给自己戴上沉重的枷锁。

一旦出现了令人心烦的事情，我们一定要学会克制，不要让那些无关紧要的小事破坏自己的心绪，只有这样我们才能让内心充满愉悦与平和。

狮子素有"森林之王"的美称。有一天，狮子来到了上帝面前。上帝问狮子有什么事情？狮子说自己虽然有雄壮威武的体格以及强大无比的力气，能有足够的能力统治整座森林，但是每天天亮的时候，它总是会被鸡鸣声吵醒。因此，狮子请求上帝赐给它一个力量，让它不再被鸡鸣声吵醒。

上帝笑道："你还是去找大象吧，它会给你一个满意的答复。"

狮子于是跑到湖边找大象，还没见到大象，它就听到大象跺脚所发出的"砰砰"响声。狮子立即加速地跑向大象。一看大象正在气呼呼跺脚，狮子就问大象为何发这么大的脾气？

大象不停地摇晃着它那硕大的耳朵，吼道："有只讨厌的小蚊子，总想要钻进我的耳朵里，害得我都快痒死了。"

狮子听了大象的话，心里暗自想着："原来大象也会怕那么瘦小的蚊子，那我还有什么好埋怨的呢？而那鸡鸣也不过一天一次，但这蚊子却是无时无刻不在骚扰着大象。这样想来，我可比它幸运多了。"

狮子边想边回头看着跺脚的大象，宽慰自己道："其实以后只要在鸡鸣时，我就当作鸡是在提醒我该起床了，如此一想，鸡鸣声对我还是有些益处的！"

从以上这个故事中，我们知道面对生活中的小事，其实根本就没有必要较真，学会宽宏大度，学会理解、体贴他人，以诚待人，以情感人，不要总是对一些小事耿耿于怀，有时换个角度思考一下问题，也许就能获得另一种收获。

而那些总为小事伤神的人，他们的一生是焦躁的、烦恼的，也难以获得心灵的安定的。其实，我们与其将时间浪费在琐碎的小事上，让这些小事耗费我们的精力，破坏我们的情绪，还不如忽略它们，专注于自己的事业。

强行将自己困在回忆之中，只会倍感煎熬

人的本性中有一种叫作记忆的东西，美好的容易记住，不好的则更容易记住。所以大多数人都会觉得自己不是很快乐。那些觉得自己很快乐的人是因为他们恰恰把快乐的记住，而把不快乐的忘记了。这种忘记的能力就是一种宽容，一种心胸的博大。生活中，常

常会有许多事让我们心里难受。那些不快的记忆常常让我们觉得如鲠在喉。而且，我们越是想，越会觉得难受，那就不如选择把心放宽一点，选择忘记那些不快的记忆，这是对别人，也是对自己的宽容。

有一位百岁高龄的老奶奶，思维敏捷，耳聪目明，容光焕发。人们惊叹之余，开始请教她长寿的秘诀。老人笑呵呵地说："多吃素食，性格开朗，心情豁达；凡事能拿得起，更要放得下……"老奶奶强调最多的就是要学会忘记痛苦，忘记烦恼，忘记仇怨，要铭记善施，铭记恩情，感恩报德。

其实，记忆本身是一种馈赠，心胸宽阔的人用它来馈赠自己，但同时它也是一种惩罚，心胸狭窄的人则用它惩罚自己。所以说，有时候，记忆不要太好，人最大的烦恼就是记性太好。

人生的成或败、乐或悲，有相当一部分取决于自己的心态。一个人心里想着快乐的事情，他就会变得快乐；心里想着伤心的事情，心情就会变得灰暗。那么，为何不忘记烦恼，让自己活得更加快乐呢？

有这样一个故事：

有一位少妇忍受不住人生苦难，遂选择投河自尽。恰恰此时，一位老艄公划船经过，二话不说便将她救上了船。

艄公不解地问道："你年纪轻轻，正是人生当年时，又生得花容月貌，为何偏要如此轻贱自己、要寻短见？"

少妇哭诉道："我结婚至今才两年时间，丈夫就有了外遇，并最终遗弃了我。前不久，一直与我相依为命的孩子又身患重病，最终

第一章　情绪自愈力：
一切对人不利的影响中，杀伤力最大的就是不良情绪

不治而亡。老天待我如此不公，让我失去了一切，你说，现在我活着还有什么意思？"

艄公又问道："那么，两年以前你又是怎么过的？"

少妇回答："那时候自由自在，无忧无虑，根本没有生活的苦恼。"她回忆起两年前的生活，嘴角不禁露出了一抹微笑。

"那时候你有丈夫和孩子吗？"艄公继续问道。

"当然没有。"

"那么，你不过是被命运之船送回了两年前，现在你又自由自在，无忧无虑了。请上岸吧！"

少妇听了艄公的话，心中顿时敞亮许多，于是告别艄公，回到岸上，看着艄公摇船而去，如做了个梦一般。从此，她再也没有产生过轻生的念头。

无论是快乐抑或是痛苦，过去的终归要过去，强行将自己困在回忆之中，只会令你倍感煎熬！无论明天会怎样，未来终会到来，若想明天活得更好，就必须以积极的心态去迎接它。即便曾经一败涂地，也不过是被生活送回到了原点而已。

其实，每个人的一生都是在不断的得失中度过的，所有不如意和不顺心，其实都与在得失之间的心理调适做得不够有关系。人生如白驹过隙，如果我们在伤痕里执迷不悟，是否太亏欠这似水年华了呢？学会淡忘，学会洒脱，人生才会有属于自己的精彩。

进一步说，这些心理上的包袱虽然只属于你自己，但它却会令很多人为之担心不已，这其中包括你的家人、你的朋友……有些时候，纵使放不下也要放，多愁善感、愁肠百结不但会伤害你自己，

同时还会伤害那些关心你的人。难道，你真的舍得他们每日为你提心吊胆，看着你郁郁寡欢的样子痛心不已吗？

让浮躁的情绪平静平静

　　每天，当我们打开电视和报纸，都会看到许多令人不安的新闻。欧洲又发现了一例"疯牛病"，你会情不自禁地想：我今天吃的牛肉汉堡可别有"疯牛病"……股市又下跌了，你开始担心自己买的股票……医生说，坐便马桶不卫生，会传染性病。你忽然紧张起来，因为你白天刚刚使用了开会大楼里的公共卫生间……

　　在家中，在单位，甚至走在大街上，你也会遇到许多烦心的事：单位领导莫名其妙地冲你发火，为一件微不足道的小事足足批评了你一个小时；路上，一个人嫌你挡了他的道，骂骂咧咧没个完……

　　人面对着外界的这些混乱干扰，心情怎么能够平静得了？

　　那么，该如何办？保持心的宁静。只要稍微宁静下来，你眼前的一切就会是完全不同的情形。

　　让我们试着用平和宁静的心来看待那些曾让我们心烦意乱的外界干扰。

　　世界就是这样，每天都会有很多坏消息、坏事报道出来，说明

第一章　情绪自愈力：
一切对人不利的影响中，杀伤力最大的就是不良情绪

人们已经有了警觉。如果自己无力改变，相信会有人去改变，自己以后当心一点儿就是了；孩子让你操心，但最终要靠他自己努力，你尽到责任就可以了，不必为此闹心；领导可能是有烦心事，不过是拿你当出气筒，不要太在意，受点儿委屈也就过去了。

魏晋时有一个人，特别容易着急发怒，这人叫王蓝田。一次，他吃煮鸡蛋，用筷子夹，夹不住，于是就大怒，拿起鸡蛋扔到地上。鸡蛋未破，在地上打转。王蓝田更生气了，干脆用穿的木屐去碾鸡蛋，鸡蛋又滚一边了。这位老兄气得眼睛都发红了，他一把捡起鸡蛋，放到嘴里狠狠地咬破了，又吐出来。

这可能是个极端的事例，但我们在平日里不也经常为鸡毛蒜皮的小事而破坏了我们的平静生活吗？因为外界的干扰而打乱我们的心境，会影响我们的身心快乐，也会打乱正常的生活节奏。

不要因外界的纷纷扰扰而自坏阵脚，乱了自己生活的步子，更不要心生烦躁、忧虑、焦灼，要保持你内心的宁静。而要保持平静心态，就要学会去注意我们的感觉，注意我们生命的质量，注意人生中最重要的事情，这就是快乐、健康、实现自己的美好理想。我们要停止担忧那些不重要的事情，比如衣服不太合身，交通又堵塞了，有人好像对自己不友好，这次提升又没有我，别人买了汽车而自己还没有，等等。我们还要学会不要昧于事理，让生活失去了平衡，就是说，不要让学习和工作上的压力影响我们的正常生活。

美国《读者文摘》有篇文章讲了这么几个事例：布鲁斯是一名医生，他的病人都是患了心脏病的孩子，其中有些急需移植心脏，却迟迟得不到合适的心脏。他的工作中也有不如意的事，比如病人

死了。当他回到家里后,妻子会问问他工作上的事,他会说说。然后,夫妇俩就会去找自己的两个小儿子,抱着他们或给他们讲故事。安娜·威尔德是一个急难者辅导中心的义工,负责接听电话。打电话的人往往扬言要开枪或自杀,接着会突然挂断电话。辅导员如果是新手,在以后的几天里多半会拼命翻报纸,很担心看到那个来电话的人自杀的消息。但资深的辅导员一般不会这么做。威尔德如果某天工作不愉快,下班后便回家去精心做一顿晚餐。她说:"我切肉,剁肉,晚餐色香味俱全,给我补充体力,让我第二天可以再好好工作。"文章说:"有些人成天都在辅导强奸案受害者、在谋杀案现场调查或潜到水下搜集飞机残骸,却还有精力在星期天下午为高中足球队摇旗呐喊。如此困难的事,他们是怎样做到的呢?……如果问有何诀窍,他们说因为'明白事理'。"

　　这个"事理"我们应该这样理解——世间的事并非我们所能控制或是只要努力就能做好的,有许多事我们只能尽到本分,仅此而已。正所谓"谋事在人,成事在天",明白了这一点,我们就不会因遭遇外界的压力和痛苦而使自己变得郁郁寡欢或烦躁不安。对人世间的痛苦我们都会产生同情,这是正常的合乎人性的反应。但我们也要与它保持适当的距离,只有这样,才是处理痛苦的妙方,也是让自己能继续把工作做好的唯一方法。

　　其实,只要你觉得自己是一个值得一活的人,人生的危机就不会妨碍你去过充实的生活。如此,就会有一种安全感取代焦虑不安,而你也就可以快快乐乐地活下去,把不安之感降低到最低限度。有了这种"安全感",也就自然会有心灵的平和宁静。

要保持宁静的心态，可以在遇到烦心的事时有意识地改变一下想法。比如在乘公共汽车时碰到交通堵塞，一般人会焦躁不安，但你可以想："这正好使自己有机会看看街道。"如果朋友失约没来找你玩，你也不必心生烦闷，你可以想："不来也没关系，正好可以看看书。"这样转换想法，就可以使烦躁的心变得平和起来。

诸葛亮有句名言："非淡泊无以明志，非宁静无以致远。"能在一切环境中保持宁静心态的人，定然是具有高度修养的，是一个快乐的人，也是能成就大事业的人。他能冷静地应对世事的千变万化，永远不迷失自己的目标。我们要努力培养自己的抗干扰能力。"任凭风浪起，稳坐钓鱼台。"这个"台"，就是宁静的心灵。

3. 抱怨是往鞋子里倒水，越抱怨自己越难受

我们只要健康地活着，就不要抱怨，不要发牢骚！人世是千变万化的，什么事都会发生。也许你现在还默默无闻如同一粒微尘。可是，谁知道呢？说不定，时机一到，你就会迎来你的辉煌。

抱怨会让人陷入负面生活，是最消耗能量的无益举动

对于同样的生活，如果心怀抱怨，他看到的一切都是灰色的，那么他的生活就总是消极、负面的；如果充满了满足、自信以及感恩，那么他的生活就是幸福和温馨的。这就是心态的不同所导致的不同结果。

小张大学毕业以后，在一家公司的策划部门工作，连主管在内，策划部一共5个人。因为小张文笔好，很快受到经理的重视，公司

第一章 情绪自愈力：
一切对人不利的影响中，杀伤力最大的就是不良情绪

的一些活动方案都交给小张起草。一般情况下，小张起草的活动方案，主管稍加改动，就会直接报给公司最高层，大多数都能通过审核，付诸实施，但有时也会因某些公司领导的想法突然改变，重新进行调整。

有一次，公司要开展一次送温暖下基层的活动，起草方案的活儿自然落在小张头上。小张先与对方进行了联系沟通，详细地了解当地的情况和对方的需求，然后再根据公司的具体情况，很快起草了整个活动的方案。方案送上去后，得到了公司高层领导的好评，说不愧是一份既详细周到，又节约实用的好方案。小张为此暗自得意了很多天。

可是，就在这次活动启动的头天夜里，小张已经睡下了，朦胧中手机铃声响了起来，是公司秘书小雯打来的。她告诉小张，公司领导临时改变决定，那份活动方案需要修改，要小张马上回公司。小张一看，已经是凌晨2点多了。"哪有这样折腾人的！"小张十万个不愿意，但又不得不穿上外套往公司赶，心里直抱怨公司的领导怎么会如此朝令夕改，并且完全不顾及员工的感受。到了公司一看，主管也在。虽然很快完成了方案的修改，但大家都觉察出了小张的不满情绪。

也不知道为什么，自从这件事后，小张的心理发生了一些变化，他的抱怨开始多了起来，一点小事都会斤斤计较，慢慢地，抱怨的情绪逐渐占据了小张的内心。久而久之，同事们开始对小张产生意见，慢慢地疏远了他。公司领导也不再让他承担主要工作，而是叫他配合其他同事。

抱怨非但不能解决问题，反而还会让问题变得更加难以解决。小张的抱怨不仅影响了工作，也影响了自身的职业发展。所以说，一味地抱怨对人们毫无益处，因为它不会产生任何积极的力量，它只会让人们对生活愈加不满，从而失去生活的信心。

不如意的人和事随时会出现在我们的周围，一旦碰上了，我们就会不开心，会忧虑紧张，会感觉到各种压力，但是我们不要抱怨，要做的就是积极调整自己的心态，以理智解决问题，这样才能够让自己的心灵得到放飞。

喜欢抱怨的人，对事物总是持有一种消极的心态，不肯安于现状，一味地抱怨周围的人和事，而正是他的抱怨让他彻底失去了修成正果的机会。

实际上，人们之所以会有牢骚与抱怨，都是由于没有以正确的心态和角度来看待问题，所以才会牢骚满腹，抱怨不断。事物在人们心中的好坏，取决于人的心态，而不是事物的本身，正所谓"以我观外物，外物皆着我色"。那些总是抱怨的人，不妨转换一下自己的心态，让乐观充满自己的内心，幸福或许就会来到自己的身边。

第一章　情绪自愈力：
一切对人不利的影响中，杀伤力最大的就是不良情绪

你眼中生活的灰暗，其实源于你内心的阴霾

　　这个世界也许会给你伤害，但被伤害的程度却是由你自己把握的。别人的伤害只是一时，能够真正伤害你的，只有你自己。如果你的心里，一直有着伤口，生活必然会一直痛下去。所以，你在埋怨命运的时候，请好好地想一想，是不是你给了自己伤害自己的理由。

　　一对孪生兄弟，十几岁的时候父母在一场车祸中双双离世，他们在别人的帮助下慢慢长大，生活开始朝着好的方向发展。然而，一场意外火灾将原本非常英俊的他们烧得面目全非，变成了人人避之不及的丑八怪。

　　生活原本就不是很富裕，兄弟俩没有能力支付巨额的整容费用，而且当时落后的整容手段并不能保证能给他们带来多大的改变，他们只能咬着牙适应这个丑陋面孔。他们的生活在这场火灾之后发生了翻天覆地的变化，他们再不是当初受人欢迎的帅哥了，来自四面八方的鄙夷眼光湮没了他们原本脆弱的自信心，生活对他们来说成了一种无言的煎熬。

　　哥哥不堪忍受生活的打击，趁人不注意，偷偷喝下农药，离开

了这个让他感到屈辱的世界。弟弟很悲伤，这个世界上唯一与他相依为命的人不在了，他的世界一瞬间仿佛又塌了一半。那天晚上，他梦见了爸爸、妈妈，还有哥哥，他们说："来吧，到我们的世界中来吧，我们一家团聚。"他真的想和他们相聚，可是，似乎总有一个声音在提醒他：你生命的价值还没有体现，别辜负老天给你来这个世界走一遭的机会。他恍然惊醒，泪流满面。

后来，在残联的帮助下，他成了一名货车司机，每天重复着单调寂寞的生活。一天，在他返回城市的途中，下起了雨，路面很滑，他不得不小心翼翼地开着车。这时，他看到有一个人站在不远的地方求救，他犹豫了一下，还是停下了车，原来那个人的车子在附近抛锚，然而却没有一个人愿意停下来帮忙。

后来他才知道，他救的是一个在当地很有影响力的企业家，企业家非常欣赏这个忠厚的年轻人，虽然他外表丑陋。企业家把自己名下的一家货场交给他打理，他凭借着诚信和实力，渐渐打开了市场。他有了钱，也等来了医术发达的时代，经过几次手术，终于恢复了正常人的外貌，过上了正常人的生活。

50岁生日那天，看着脸上写满幸福的妻儿，想起这些年发生的事情，他再一次泪流满面。

一个人，如果一直无法走出心中的阴霾，那么他的世界必然一片漆黑；假如他能够改变心态，那么他的世界也会随之改变。只是我们在遭遇人生低谷之时，总是习惯性地向现实妥协，嘴里碎碎叨叨地埋怨着命运，微博上的更新不外乎"命运是多么残酷""人情是何等淡泊""穷途末路却无人扶助"等那些欲博同情却只能换来鄙夷

第一章　情绪自愈力：
一切对人不利的影响中，杀伤力最大的就是不良情绪

的痛苦呻吟，而我们却一直没有意识到，并不是这个世界放弃了谁，事实上只有我们自己才有放弃自己的权利。如果你的情绪能够改变，你的生活也会随之改变。

已经到了不惑之年，那个法国男人依然毫无建树，他觉得自己一无是处——做生意失败，找工作又无人接收，甚至连妻子也因无法忍受贫穷而离自己远去！他认为世界抛弃了自己，他变了，变得自卑至极，变得易怒又脆弱。

某天，他在酒吧门前遇到一位算命先生，于是便将手伸了过去："喂，老头，我一直很倒霉，你帮我看看是怎么回事。"

算命先生接过他的手掌端详片刻，眼中突然放出异样的光芒："先生，能为您算命真是我的荣幸！"

"此话怎讲？"男人被弄糊涂了。

"因为您具有皇族血统，您是一位伟人的子孙！"算命先生语气坚定地说，"可以把您的生日告诉我吗？"

男人将信将疑，报出了自己的"生辰八字"。

"没错！您就是拿破仑失落的后代！"算命先生一脸的兴奋。

"我是拿破仑的子孙？！"男人的心跳到了嗓子眼。

"是的，您体内流淌着皇族的血液，您继承着拿破仑的勇气和智慧，而且您不觉得，您与拿破仑有几分相像吗？"

男人仔细一想，感觉自己与拿破仑是有几分相像："可是，为什么我的命运如此不济？我做生意破产了，找不到足以糊口的工作，甚至连妻子都离我而去了。"

"这是上帝的考验！他要你经历这些挫折与痛苦，否则您就不能

成功。不过，考验已经结束，好运即将到来，数年以后，您将成为全法国最成功的人，因为您具有皇族的血统！"

回家路上，一种曼妙的感觉在男人心中涌动："我不能给波拿巴家族丢脸，我要像祖辈一样出色！"

数年以后，年近五十的"拿破仑子孙"赚得亿万身家，成为法国家喻户晓的人物。

这位法国人究竟是不是拿破仑的子孙呢？这根本无从考证，而且显然已不重要。重要的是，他赶走了心中的消极情绪，他不再颓废，所以他成功了。

把抱怨的心情化为上进的力量

我们总是抱怨生活错待了自己，所以对生活怀有很大的怨气。这些怨气发泄出来的时候，又会牵连到我们身边的人，随之而来的争吵，破坏了我们生活的和谐。

有句话说得好，"凡墙都是门"，即使你面前的墙将你封堵得密不透风，你也依然可以把它视作你的一种出路。琐碎的日常生活中，每天都会有很多事情发生，如果你一直沉溺在已经发生的事情中，不停地抱怨，不断地指责，总觉得别人都比你过得好，总觉得生活

第一章　情绪自愈力：
一切对人不利的影响中，杀伤力最大的就是不良情绪

错待了自己。这样下去，你的心境就会越来越沮丧。一直只懂得抱怨的人，注定会活在迷离混沌的状态中，看不见头顶那一片明朗的人生天空。

有两个一起长大的孩子因为特殊原因失去了父母，后来都被来自欧洲的外交官家庭所收养。两个人都上过世界上有名的学校。但他们两个人之间却存在着不小的差别：其中一个30多岁就成了成功商人；而另一个在国内某所学校任教，待遇不错，但他一直觉得自己很失败。

2010年，那位在欧洲经商的孩子回国了，邀请亲友邻居一起吃饭，也包括在国内任教的那个孩子。他们一起去吃晚饭。晚餐在寒暄中开场了，大家谈论着这些年各自的发展变化以及所经历的趣闻逸事。随着话题的一步步展开，那位教师开始越来越多地讲述自己的不幸：他是一个如何可怜的孤儿，又如何被欧洲来的父母领养到遥远的地方，他觉得自己是如何的孤独。他怀着一腔报国的热忱回国，又是如何不受重视，等等。

开始的时候，大家都表现出了同情。随着他的怨气越来越重，那位经商的孩子变得越来越不耐烦，终于忍不住制止了他的叙述："够了！你一直在讲自己有多么不幸。你有没有想过，如果你的养父母当初在成百上千个孤儿中挑了别人又会怎样？"教师直视着他的发小——那个经商的孩子说："你不知道，我不开心的根源在于……"然后接着描述他所遭遇的不公正待遇。

最终，经商的孩子说："我不敢相信你还在这么想！我记得自己25岁的时候无法忍受周围的世界，我恨周围的每一件事，我恨

周围的每一个人，好像所有的人都在和我作对似的。我很伤心无奈，也很沮丧。我那时的想法和你现在的想法一样，我们都有足够的理由抱怨。"他越说越激动，"我劝你不要再这样对待自己了！想一想你有多幸运，你不必像真正的孤儿那样度过悲惨的一生，实际上你接受了非常好的教育。你负有帮助别人脱离贫困旋涡的责任，而不是找一堆自怨自艾的借口把自己围起来。在我摆脱了顾影自怜，同时意识到自己究竟有多幸运之后，我才获得了现在的成功！"

那位教师深受震动。这是第一次有人否定他的想法，打断了他的凄苦回忆，而这一切回忆曾是多么容易引起他人的同情。

经商的孩子很清楚地说明，他们二人都曾在同样的环境下历经挣扎，而不同的是，他通过清醒的自我选择，让自己看到了有利的方面，而不是不利的阴影。

事实上，凡是伟大的人物从来不承认生活是不可改造的。他会对于当时的环境不满意；不过他的不满意不但不会使他抱怨和不快乐，反而会使他充满一股热忱想闯出一番事业来，而其所作所为便得出了结果。

第一章 情绪自愈力：
一切对人不利的影响中，杀伤力最大的就是不良情绪

只有争取到的富贵，没有抱怨来的地位

生活中，很多人常为了自己的贫穷而抱怨，抱怨没有漂亮的衣服，抱怨没有气派的房子……其实物质上的贫穷是次要的，真正的贫穷并不取决于物质的多寡，而在于心灵，心灵上的贫穷才是真正的贫穷。

"我出生在贫困的家庭里，"美国副总统亨利·威尔逊这样说道，"当我还在摇篮里牙牙学语时，贫穷就露出了它狰狞的面孔。我深深体会到，当我向母亲要一片面包而她手中什么也没有时是什么滋味。我承认我家确实穷，但我不甘心。我一定要改变这种情况，我不会像父母那样生活，这个念头无时无刻不缠绕在我心头。可以说，我一生所有的成就都要归结于我这颗不甘贫穷的心。我要到外面的世界去。在10岁那年我离开了家，当了11年的学徒工，每年可以接受一个月的学校教育。最后，在11年的艰辛工作之后，我得到了一头牛和六只绵羊作为报酬。我把它们换成几个美元。从出生到21岁那年为止，我从来没有在娱乐上花过一个

美元，每个美分都是经过精心计算的。我完全知道拖着疲惫的脚步在漫无尽头的盘山路上行走是什么样的痛苦感觉，我不得不请求我的同伴们丢下我先走……在我21岁生日之后的第一个月，我带着一队人马进入了人迹罕至的大森林里，去采伐那里的大圆木。每天，我都是在天际的第一抹曙光出现之前起床，然后就一直辛勤地工作到天黑后星星探出头来为止。在一个月夜以继日的辛劳努力之后，我获得了六个美元作为报酬，当时在我看来这可真是一个大数目啊！每个美元在我眼里都跟今天晚上那又大又圆、银光四溢的月亮一样。"

在这样的穷途困境中，威尔逊先生下定决心，一定要改变境况，决不接受贫穷。一切都在变，只有他那颗渴望改变贫穷的心没有变。他不让任何一个发展自我、提升自我的机会溜走。很少有人能像他一样重视闲暇时光的价值。他像对待黄金一样紧紧地抓住零星的时间，不让一分一秒无所作为地从指缝间溜走。

在他21岁之前，他已经设法读了1000本好书，这对一个农场里的孩子来说是多么艰巨的任务啊！在离开农场之后，他徒步到100里之外的马萨诸塞州的内笛克去学习皮匠手艺。他风尘仆仆地经过了波士顿，在那里可以看见邦克、希尔纪念碑和其他历史名胜。整个旅行只花了他一美元六美分。一年之后，他已经在内笛克的一个辩论俱乐部脱颖而出，成为其中的佼佼者了。后来，他在马萨诸塞州的议会上发表了著名的反奴隶制度的演说，此时距他到这里还不足8年。12年之后，他与著名的社会活动家查尔斯萨姆纳平起平坐，进入了国会。后来，威尔逊又竞选副总统，终于如愿以偿。

威尔逊生于贫困，然而他又是富有的。他唯一的、最大的财富就是他那颗不甘贫穷的心，是这颗心把他推上了议员和副总统的显赫位置。在这颗不竭心灵的照耀下，他一步步地登上了成功之巅。

对于整个人类来说，贫穷只是一种状态，它永远不可能成为一种结果。因为人类绝不会永远安守贫穷，而总是同它作不屈不挠的斗争，所以贫穷对整个人类来说，它只是一个动态的、不断被改变着的过程。但具体到某一个人的身上，则可能是一种结果。对于个人来说，有可能安心地生活在贫穷之中，不思进取，屈辱地度过一生；也有可能奋起直追，获取财富。

无论你面对的是什么样的事实，心灵的贫穷都极其可怕，因为只有心灵的贫穷才是真正的贫穷。

别怪别人在你不好的时候逃跑，从此你要活得更好

人，都喜欢锦上添花，所以当你一帆风顺、蒸蒸日上的时候，有很多人愿意接近你。人，本性里是趋利避害的，所以当你遇到困难、举步维艰的时候，很多人可能会离开你。这个时候不要抱怨，不要责怪人情薄凉。对于曾经接近你的人，我们要感谢，因为他们给我们的"锦上"添了"花"；对于困难时离开你的人，我们也要表示感谢，因为正是他们的离开，给我们泼了一盆足以让我们清醒的冷水，让我们在孤独中重新审视自己，发现自己的危机，让我们有了冲破藩篱、更进一步的动力。

陈云鹤与林莹莹相恋5年有余，按照原来的约定，他们本该在今年携手走进婚姻殿堂的，但是，就在婚前不久，林莹莹做了"落跑新娘"，她留下一纸绝情书，与另一个男人去了天涯海角。

了解陈云鹤的人都知道，他与林莹莹之间的爱情九曲十八弯，甚至有些荡气回肠。

陈云鹤英俊帅气，风度翩翩，在香港科技大学完成学业以后，

就回到了父亲创办的公司担任部门经理,管理着一个重要部门,由一位追随父亲多年的叔伯专门负责培养他、指导他。他行事果敢,富有创新意识,这个部门在他的管理下越发出色起来。

那个时候,追求他的姑娘、前来提亲的人家简直多得让人眼花缭乱,其中不乏当地的名门名媛,但他一概礼貌地回绝了,却唯独对来自农村的林莹莹情有独钟。

那个时候的林莹莹不但长相甜美,而且思想单纯,相比都市里雪月风花、汲于名利的女人们,她恰似一朵雪莲花不胜寒风的娇羞,这份纯朴的美让陈云鹤十分醉心。

然而,受中国传统门当户对思想的影响,陈云鹤的父母对于这种结合并不认同,陈云鹤为此与家人无数次理论过,甚至愿意为林莹莹放弃现在的一切,只求抱得美人归。在他的坚定坚持下,陈父陈母终于妥协了。

由于林莹莹的身体一直不好,医生建议他们3年之内最好不要结婚,陈云鹤只能把婚期向后推迟,3年来,他一直精心照顾着林莹莹,给了她无微不至的关爱,林莹莹的身体渐渐好了起来。

随后,为了林莹莹的事业,陈云鹤又强忍着心中的寂寞,出资安排她去国外学习企业管理。在这5年多的交往中,可以说一个男人能做的,陈云鹤几乎都做到了。

相恋5年后,受经济不景气影响,陈家的公司受到了很大冲击。很快,公司的利润被压迫在一个很小的空间,后来,干脆成了赔本买卖。无奈之下,陈父只能申请破产。陈云鹤也由一个白马王子变成了失业青年。

　　任谁也没想到的是，就在陈云鹤最困难的时候，那个他曾给予无数关爱，那个他愿意为之付出一切，那个曾与他海誓山盟的女孩，决绝地提出分手，跟着一个英国男人去国外"发展"了。

　　公司破产，陈云鹤并没有多么难过，因为他觉得凭自己的能力，有朝一日一定可以帮助父亲东山再起，因为他觉得即便自己变成了一个穷小子，但至少还有一个非常相爱的女朋友。但是现在，他真的觉得自己一无所有了，曾有那么一段时间，陈云鹤非常颓废。

　　一个人独处的时候，陈云鹤反复问自己："我那么爱她，她为什么在这个时候离开我？！"最后，他不得不接受一个残酷的事实——她太功利了，她不会跟一个身无分文的穷小子过一辈子！究竟是她变了，还是原本就如此，此刻已不重要。重要的是，接下来该做些什么。

　　冷静之后，陈云鹤意识到，自己必须努力了，否则才是真的一无所有。女友的无情背离也让他对爱情有了新的认知，他懂得了，爱并不是一厢情愿的冲动，有的人并不值得去爱，也不是最终要爱的人，所以放手，放任她离开，但不要带着怨恨，那只会让自己的内心永远不得安歇，为那个不爱自己的人徒留下廉价的伤感而已。

　　不久之后，陈云鹤找到了父亲的一位老朋友，并以真诚求得了他的资助。用这笔资金，陈云鹤在上海创办了一家投资公司，他又是学习取经，又是请高人管理，公司很快就走上了正轨，现在，陈云鹤又积累了一笔不菲的财富。

第一章　情绪自愈力：
一切对人不利的影响中，杀伤力最大的就是不良情绪

在那位叔父的撮合下，陈云鹤又结识了一位从法国留学归来的美丽姑娘，两个人一见钟情，很快确定了恋爱关系，双方的父母也都对彼此非常满意。

如果当初林莹莹不离开他，或许陈云鹤就不会有如此大的动力，或许他会出去做一个高级打工者，一样能过日子。但是，她离去了，一段时间内，陈云鹤一无所有，这给了他前所未有的危机感，这种危机感鞭策着他必须去努力，似乎是为了证明些什么，但其实更是为了他自己。

曾经受过伤害的人，在孤独中复苏以后，会活得比以往更开心，因为那些人、那些事让他认清自己，同时也认清了这个世界。如果有人曾经背弃了你，无论他是你的恋人还是朋友，别忘了对他说声"谢谢"，因为正是这背离，才让你更坚强，更懂得如何去爱，也更懂得如何保护自己。

4. 忍耐是痛苦的，但是它的结果却是甜蜜的

要是有些不好的人或事你无法避免，那你的职责就是忍耐。忍耐之草是苦的，但最终会结出甘甜而柔软的果实。

冲动是魔鬼，你永远都要为自己的行为埋单

每个人都有情绪控制失灵的时候，每个人都会冲动。如果我们不注意培养心平气和的性情、清醒的理智，培养交往中必需的沉着冷静，一旦触到导火索，就会暴跳如雷，情绪失控。事实上，生活中有许多人和事，就是因当事人在突发情况下的不理性，从而使事情发生恶变，自己也在其中成了受害者。

赵某与妻子的感情还不错。但赵某有个习惯，下班以后喜欢下厨烧几个小菜，喝点老酒，而妻子对赵某饮酒则非常反感，经常在他喝酒时唠叨不止。

第一章　情绪自愈力：
一切对人不利的影响中，杀伤力最大的就是不良情绪

某天，赵某烧好饭菜，一边叫妻子一起吃饭，一边打开一瓶"二锅头"，妻子见他又拿起酒瓶，气不打一处来，便不肯吃饭，站在一旁唠叨不止……

赵某一杯酒下肚，情绪亢奋，越听越不是个滋味。突然间，他操起桌上的一只大花碗朝妻子砸去，不偏不倚，正好打在了眼眶上。

这带着怒气横飞而来的一碗，力道着实不轻，妻子的眼部顿时红肿一片，她边哭边打电话向娘家人诉苦。半个小时以后，岳父、岳母、大舅哥同时到来。老太太心疼女儿，便开始数落起女婿的不是，怪他下手太狠，怪他有事不好好说，怪他动手打老婆……这你一言，我一语的，一家人闹得不可开交。

此时，赵某的酒劲发作，血气上涌，他走进厨房摸出一把菜刀，眼见他操起了菜刀，娘家人迅速跑到厨房，合力将赵某按住，大舅子则从他手中夺下菜刀，放到安全处。这时的赵某彻底被怒气激昏了头，他奋力挣脱，又从旁边的碗柜中抽出一把20厘米长的水果刀。刚刚反身回来的大舅哥看到这种情况，赶紧上来夺刀，撕扯之间，赵某用力朝大舅哥的肚子上刺了一刀，对方旋即惨叫一声扑倒在地。看到不断涌出的鲜血，发狂的赵某终于清醒了，他扔掉水果刀，跌坐在地板上……

赵某悔恨万分："我当时完全是一时冲动，只想拿刀吓唬他们一下，真的没想去伤人。"

可是，法律的威严是不容侵犯的，赵某被检察院以故意伤害罪批准逮捕，一个原本还算和睦的家也由此散了。

生活中有很多类似的情节，大都是因为一点小事争执而弄得你

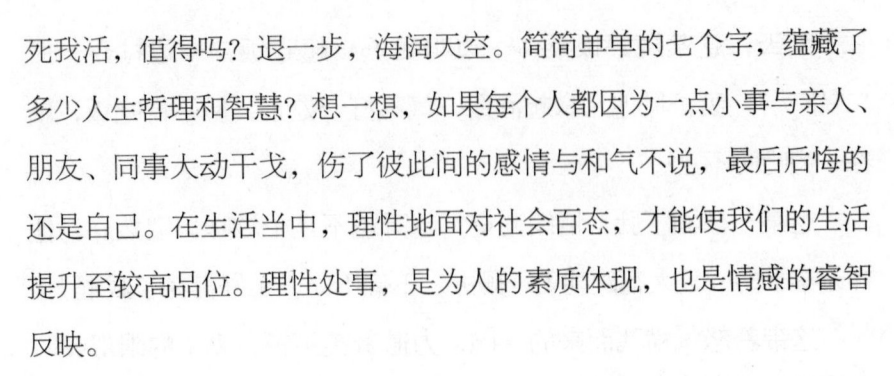

死我活，值得吗？退一步，海阔天空。简简单单的七个字，蕴藏了多少人生哲理和智慧？想一想，如果每个人都因为一点小事与亲人、朋友、同事大动干戈，伤了彼此间的感情与和气不说，最后后悔的还是自己。在生活当中，理性地面对社会百态，才能使我们的生活提升至较高品位。理性处事，是为人的素质体现，也是情感的睿智反映。

　　青年拳击手王亚为，某日骑车上街，在路口等红灯时，后面冲上来一个骑车的小伙子撞到他的自行车上。小伙子不但不道歉，反而态度蛮横，要王给他修车。王很是恼火，但是他极力控制自己的情绪不发作。这小伙子不自量力，口出狂言："你是运动员吧？你就是拳击运动员我也不怕，咱们练练？"一听对方要打架，王连忙后退说："别打别打，我不是运动员，我也不会打架。"因为他的示弱，一场冲突避免了。事后他说："我知道，我这一拳打出去，对普通人会造成多大的伤害。我必须时刻提醒自己要忍耐，示弱反而让我感到自己更强大。"

　　大多数人都是容易冲动的，然而恰恰又是这些人，往往又是最容易后悔的。所以，请记住——"冲动是魔鬼"，你永远都需要为你的行为埋单。

事不三思终有悔，人能百忍自无忧

一个人不管做什么事都要三思而后行，若是只凭自己的一时意气用事，就会造成不堪设想的后果。当你的判断不够准确或没有得到事实证明时，要有耐心地等待几时，多加考虑思索一番，千万不要草率行事。

在北半球的温带地区，生活着一种叫刺鱼的小鱼，它们体型小，身体细长，一般最大不超过 15 厘米；有些生活在淡水中，有些生活在海水中。它们生来活泼好动。

刺鱼的背鳍前面有两根或多根能活动的棘刺，腹部有一根棘刺和一小片鳍刺，全身无鳞，在体侧常有骨片保护。这样进可攻退可守的装备应该会家丁兴旺吧，然而这种鱼的数量并没有想象中的那么多，有些品种甚至濒临灭绝。科学家克莱德·鲍尔为了解开这一疑惑决定进行实地考察。

原来，在刺鱼生活的水域常栖息着大群生性凶猛的食鱼蜘蛛，这种蜘蛛从不结网，常常用纤长的后腿抓住水面岩壁或树叶，用其余触肢轻轻拍打水面。它可不是游手好闲闹着玩儿，它这样做是有目的的。在水下，活泼好动的刺鱼察觉到水面的异常，以为出了什么大事，便直接冲上水面。这可犯下了大错误。老谋深算的蜘蛛正等着猎物自己上门呢，转眼间刺鱼就成了阶下囚。还不到1秒，刺鱼就被抓住并被打昏，成了食鱼蜘蛛的佳肴。

刺鱼因冲动而送命。在生活中，我们也常被突如其来的事冲昏头脑，作出错误的判断，甚至功亏一篑。冲动不仅于事无补，往往还会造成让我们难以承担的后果。因此，在冲动的时候用理智控制自己的行为才是最明智的选择。

有这样一则故事，颇有警示意义：

说是古时有一愚人，家境贫寒，但运气不错。一次，阴雨连绵半月，将家中一堵石墙冲倒，而他竟在石墙下挖到了一坛金子，于是转眼成为富人。

然而，此人虽愚笨，却对自己的缺点一清二楚。他想让自己变得聪明一些，便去求教一位禅师。

禅师对他说："现在你有钱，但缺少智慧，你为何不用自己的钱去买别人的智慧呢？"

此人闻言，点头称是，于是便来到城里。他见到一位老者，心想：老人一生历事无数，应该是有智慧的。遂上前作揖，问道："请问，您能将您的智慧卖给我吗？"

老者答道："我的智慧价值不菲，一句话要100两银子。"

愚人慨言："只要能让自己变得聪明，多少钱我都在所不惜！"

只听老者说道："遇到困难时、与人交恶时，不要冲动，先向前迈三步，再向后退三步，如此三次，你便可得到智慧。"

愚人半信半疑："智慧就这么简单？"

老者知道愚人怕自己是江湖骗子，便说："这样，你先回家。如果日后发现我在骗你，自然就不用来了；如果觉得我的话没错，再把 100 两银子送来。"

愚人依言回到家中。当时日已西下，室内昏暗。隐约中，他发现床上除了妻子还有一人！愚人怒从心起，顺手操过菜刀，准备宰了这对"奸夫淫妇"。突然间，他想起白日向老者赊来的"智慧"，于是依言而行，先进三步，再退三步，如此三次。这时，那个"奸夫"惊醒过来，问道："儿啊，大晚上的你在地上晃悠什么？"

原来那个"奸夫"竟是自己的母亲！愚人心中暗暗捏了一把汗："若不是老人赊给我的智慧，险些将母亲错杀刀下！"

翌日一早，他便匆匆赶向城里，去给老者送银子了。

常言道："事不三思终有悔，人能百忍自无忧。"冷静就是一种智慧！世间的很多悲剧，都是因一时冲动所致。倘若我们能将心放宽一些，遇事时、与人交恶时，压制住自己的冲动，考虑一下事情的前前后后以及由此造成的后果，且咽下一口气，留一步与人走，人与人之间的关系就会变得和谐许多。

笑到最后的人才是笑得最美的

做事时，每个人都希望自己处于领先位置，战胜别人而大出风头，于是一旦感受到来自对手的敌意或威胁，人们就会不顾一切地反击，但这样反而有很多弊端，顶风直上未必就能赶上对手，反而会打乱你的脚步。所以你能做的，就是避其锐气、后谋后动，你的目标不是竞争中的风头，而是最后的胜利。

20世纪20年代，正值美国汽车工业全面起飞时期，各大汽车公司纷纷推出色彩鲜艳的新型汽车，以满足消费者的不同需求，也因此销路大增。但是，福特汽车却始终"穿"着"黑衫"，显得严肃而又呆板，销量一降再降。

然而，就是在这样的情况下，无论是各地要求福特供应花色汽车的代理商，还是公司内的建议者，福特总是坚决顶回去："福特车只有黑色的！我看不出黑色有什么不好！"

生产逐步艰难，福特开始裁减人员，部分设备停工，公司内部人心浮动，连福特夫人也大惑不解，弄不清无动于衷的福特到底在搞什么名堂。

福特却胸有成竹："我们公司员工的待遇高于其他任何企业，他们不会有异心，同时，他们知道我是绝对不会服输的，相信我不跟在别人后面生产浅色车，一定另有计划。"

有人建议福特马上把新车拿到市面上去销售，福特诡谲地一笑："让他们先去出风头吧。我倒要看看谁笑到最后！"

又有人打听："福特公司是不是在设计新车？新车一定有各种各样的颜色吧？"

此时的福特显得踌躇满志："不是正在设计，事实上早就定型了！也不是跟别人一样，而是我们自己设计的，并且新车的价钱肯定比别人便宜！"这是福特一生的"杰作"之一——购买废船拆卸后炼钢，从而大大降低了钢铁的成本，为即将推出的 A 型车奠定了胜利的基础。

1927 年 5 月，福特突然宣布生产旧型车的工厂停产。

消息一出，举世震惊，猜测迭起。除了几个主管负责人以外，谁也不知道福特打的什么算盘。令人感到奇怪的是，工厂虽停工了，可工人还是照常上班。这一情况引起了新闻界的极大好奇，而报纸上铺天盖地关于福特汽车的猜测、报道、评论，又使公众本来就有的好奇更加升华。

两个月后，福特终于宣布：新的 A 型汽车将于 12 月上市！这一消息比两个月前工厂停产的消息引起的震动更大。

年底，色彩华丽、典雅轻便且价格低廉的福特 A 型汽车终于在人们的翘首等待中源源上市。果然，A 型汽车一上市就引起消费者的极大兴趣。它形成了福特公司第二次腾飞的辉煌局面。A 型汽车的开发，早已确定了它在美国汽车行业的地位。而对其他各汽车公司以色彩、外形为武器咄咄逼人的攻势，福特没有直接应战，而是养精蓄锐，扬长避短，抓住了质量和价格这两个环节充分准备，一旦时机成熟，福特便毫不手软，立即使对手由强变弱，而自己则泰然自若地登上了霸主的宝座。

人们总是认为，在竞争中必须抓紧时间，有力地还击对手，问题是当你急于还击时是否做好了必要的准备。可以想象一下，如果福特在别的公司推出浅色汽车时，立刻跟进，那他不但拿不回市场份额，还可能因此使福特汽车的声誉受损。因为其他公司推出的都是各具特色的新型汽车，福特公司在仓促之间是无法拿出"披着彩色外衣"的新车的，即使做到了，汽车在质量方面可能也不会那么尽如人意。

所以福特选择了养精蓄锐、隐而不发的策略，他顶住了来自众多方面的压力，研制出具有竞争力的新车，然后再全力出击，终于获得了最后的胜利。

受到竞争对手的刺激时，一般的人都会马上奋起反击，这是大多数人的做法，却不是成功者的最好选择。不被别人左右，谋定而后动，这就是成功者的秘诀。

所以说，当别人大出风头的时候，你不必眼红，更不必急于跟对方一争高下，你必须坚定自己的立场，继续做好自己该做的事，毕竟笑到最后的人才是笑得最美的。

第二章　情感自愈力：

人为情感所支配，行为便没有自主之权，而受命运的宰割

　　人有七情六欲，因为种种原因，都会在某一个阶段，产生某些特别的情感。这其中最毁人于无形的，就是负面情感。负面情感虽然看不到、摸不着，但我们每个人都能感受到它的存在。负面情感就存在于日常生活与工作的方方面面中，对我们产生着影响。负面情感是环境因素给我们造成的一种紧张感，人如果被负面情感所支配，行为便没有了自主权，这种情况过于持久则会使我们的生活变形。

1. 孤独，可以是忧愁的伴侣，也可以是精神活动的密友

孤独可以是情感之殇，也可以是精神的沉淀。忍受孤独或许比忍受贫困需要更大的毅力，贫困可能会降低人的身价，而孤独，既可能败坏人的生活，也可能成就人的品格。

无法自控的孤独情绪，是一种严重的人格障碍

迈克尔·杰克逊走了，众所周知，这位世界级偶像的人生并不快乐，他不止一次说过："我是人世间最孤独的人。"

他说："我根本没有童年，没有圣诞节，没有生日。那不是一个正常的童年，没有童年应有的快乐！"

他5岁那年，父亲将他和4个哥哥组成"杰克逊五兄弟"乐团。他的童年一直是"从早到晚不停地排练、排练，没完没了"；在人们

尽情娱乐的周末，他四处奔波，直到星期一的凌晨四五点，才可以回家睡觉。

童年的杰克逊，努力想得到父亲的认可，他"8岁成名，10岁出唱片，12岁成为美国历史上最年轻的冠军歌曲歌手"，但却仍得不到父亲的赞许，仍是时常遭到打骂。

心理学说，12岁前的孩子，价值观、判断能力尚未建立，或正在完善中，父母的话就是权威。当他们不能达到父母过高的期望而被否定、责怪时，他们即便再有委屈，但内心深处仍然坚信父母是正确的。杰克逊长大后的"强迫行为、自卑心理"等，当和父亲的否定评价有关。

父亲还时常嘲笑他："天哪，这鼻子真大，这可不是从我这里遗传到的！"杰克逊说，这些评价让他非常难堪，"想把自己藏起来，恨不得死掉算了。可我还得继续上台，接受别人的打量。"

其后，迈克尔·杰克逊的"自我伤害"，多次忍受巨大痛苦整容，当和童年的这段经历有关。

杰克逊在《童年》中唱道："人们认为我做着古怪的表演，只因我总显出孩子般的一面……我仅仅是在尝试弥补从未享受过的童年。"

杰克逊说："我从来没有真正幸福过，只有演出时，才有一种接近满足的感觉。"

曾任杰克逊舞蹈指导的文斯·帕特森说："他对人群有一种畏惧感。"

在家中，杰克逊时常向他崇拜的"戴安娜(人体模特)"倾诉自己的胆怯感，以及应付媒体时的惶恐与无奈。

他和猫王的女儿莉莎结婚，当时轰动了整个地球，但两人婚姻生活并不愉快，莉莎说："对很多事我都感到无能为力……感觉到我变成了一部机器。"1996年他又与黛比结成连理，但幸福的日子持续得也并不长，1999年两人离婚；之后，他又与布兰妮交往甚密，但布兰妮却一直强调：我们只是好朋友。

杰克逊直言不讳地承认："没有人能够体会到我的内心世界。总有不少的女孩试图这样做，想把我从房屋的孤寂中拯救出来，或者同我一道品尝这份孤独。我却不愿意寄希望于任何人，因为我深信我是人世间最孤独的人。"

很明显，造成这位天王巨星不幸人生的因素有很多，正是这些因素导致他成了"人世间最孤独的人"，并且孤独地走完了一生。

在这个世界上，感到孤独的人很多，又或者说，每个人或多或少都有些孤独感，然而，千万不要让孤独成为一种常态，这不正常！

沉溺于孤独的人害怕与人交往，有时会莫名其妙地将自己封闭起来，逃避社会，畏惧生活，孤芳自赏，无病呻吟。他们没有朋友，更没有知心的朋友；他们喜欢自己更胜过喜欢别人，有些"自恋"的味道；他们骨子里是有些自卑的，总是担心自己不被别人接受，干脆拒绝和别人接触；他们多以家为世界，以电脑、电视为朋友，只有宅在家里才心安，离开了这个环境，就会感到不安全；他们根本不懂得也不知道如何填补自己的心灵空虚。

在现代社会，都市林立而起的高楼大厦逐渐使人际关系疏远，邻里关系丧失，人与人之间的距离越来越大。在这样的环境中，每个人或多或少都有一些孤独性格、孤独情绪。同时，机械化的生活模式，也使得人们缺少足够的时间与精力培养人际情感，交际往往就只是为了应酬，喝酒就只是为了买醉，回到家中倒头就睡，以此来逃避惹人心烦的琐事。"孤独一族"的成员正在不断发展壮大……

这已然成为现代人需要正视的问题，虽然说短暂的或偶然的孤独不会造成心理行为紊乱，但长期或严重的孤独可引发某些情绪障碍，降低人的心理健康水平。孤独感还会增加与他人和社会的隔膜与疏离，而隔膜与疏离又会强化人的孤独感，久之势必导致疏离的个人体格失常。

没有交流和沟通的心灵，只能是一片死寂

曹菲的丈夫两年前不幸去世，她悲痛欲绝，自那以后，她便陷入了一种孤独与痛苦之中。"我该做些什么呢？"在丈夫离开她一个月后的一天，她向医生求助，"我将住到何处？我还有幸福的日子吗？"

医生说："你的焦虑是因为自己身处不幸的遭遇之中，30多岁便失去了自己生活的伴侣，自然令人悲痛异常。但时间一久，这些

伤痛和忧虑便会慢慢减缓消失，你也会开始新的生活——走出痛苦的阴影，建立起自己新的幸福。"

"不！"她绝望地说道，"我不相信自己还会有什么幸福的日子。我已不再年轻，身边还有一个7岁的孩子。我还有什么地方可去呢？"她变得郁郁寡欢，脾气暴躁，打这以后，她的脸一直紧绷绷的。没有人能够真正走进她的内心，她的世界。

人在不开心时偶尔给自己一个独处的空间无可非议，但如果将这种行为长久延续下去，就是一种心理障碍了。事实上，现代都市人已经越来越习惯将自己封闭了。不知从何时起，人们开始对外面发生的事情心怀恐惧，不愿意与别人沟通，不愿意了解外面的事情，将自己的心紧紧地封存起来，生怕受到一点伤害。

自闭性格的人经常会感到孤独。有些人在生活中犯过一些"小错误"，由于道德观念太强烈，导致自责自贬，看不起自己，甚至辱骂、讨厌、摒弃自己，总觉得别人在责怪自己，于是深居简出、与世隔绝；也有些人非常注重个人形象的好坏，总觉得自己长得丑，这种自我暗示，使得他们十分注意他人的评价及目光，最后干脆拒绝与人来往；有些人由于幼年时期受到过多的保护或管制，内心比较脆弱，自信心也很低，只要有人一说点什么，就对号入座，心里紧张起来。

一个封闭自己的人，他的心永远找不到属于自己的快乐和幸福，尽管那一切美好的东西尽在眼前，但是，如果不打开那道封闭的门走出去，那么将什么也得不到。人生是短暂的，我们需要三五知己，需要去尝试人生的悲欢离合，这样的人生才称得上完整。我们没必

第二章 情感自愈力：
人为情感所支配，行为便没有自主之权，而受命运的宰割

要在自我恐惧中挣扎，更没必要过于小心翼翼地活着，想去做什么就去做，想去说什么就去说，这样心情才会愉悦起来，生活才不至于因为自闭的单调而失去意义。

自闭性格是心灵的一把锁，是对自己融入群体的所有机会的封闭，自闭性格不仅会毁掉自己的一生，也会让周围的朋友、亲人一起忧伤。总而言之，自闭性格会葬送人们一生的幸福。所以，我们应该勇敢地从自闭的阴霾中走出来，去享受外面的新鲜空气，外面的明媚阳光，在这个生活节奏不断加快的当代社会中，我们一定要走出自闭性格的牢笼，走入群体的海洋。只有这样才能找到真正属于自己的那份自信、幸福和快乐。

自闭性格总是给我们的生活和人生带来无法摆脱的沉重的阴影，让我们关闭自己情感的大门。没有交流和沟通的心灵只能是一片死寂，所以一定要打开自己的心门，并且从现在开始。

其实，只要你愿意打开窗，就会看到外面的风景是多么绚烂；如果你愿意敞开心扉，就会看到身边的朋友和亲人是多么友善。人生是如此美好，怎能在自我封闭中自寻烦恼？我们活着，永远要追寻太阳升起时的第一缕阳光。当我们真正卸掉了自闭这道心灵的枷锁，当我们用愉悦的心情迎接美好的未来，你就会发现一个不一样的世界，一个处处充满友善和温暖的环境。

用内心迎接这个世界，否则生活会坍塌

如果不想深陷孤独，那么就要走出自己狭小的空间，学着主动敞开心扉，多与人交流、沟通，多找一些事情来做，让自己有所寄托，这样做会使孤独离你而去，心灵也就更加丰盈、更加悠然。

丈夫因脑瘤去世后，卡琳娜就变得郁郁寡欢，脾气暴躁，以后的几年，她的脸一直紧绷绷的。

一天，卡琳娜在小镇拥挤的路上开车，忽然发现一幢房子周围竖起一道新的栅栏。那房子已有一百多年的历史，颜色变白，有很大的门廊，过去一直隐藏在路后面。如今马路扩展，街口竖起了红绿灯，小镇已颇有些城市的味道，只是这座漂亮房子前的大院已被蚕食得所剩无几了。

可泥地总是打扫得干干净净，上面绽开着鲜艳的花朵。一个系着围裙、身材瘦小的女人，经常会在那里侍弄鲜花，修剪草坪。

卡琳娜每次经过那房子，总要看看迅速竖立起来的栅栏。一位年老的木匠还搭建了一个玫瑰花阁架和一个凉亭，并漆成雪白色，与房子很相称。

一天，她在路边停下车，长久地凝视着栅栏。木匠高超的手艺

第二章 情感自愈力：
人为情感所支配，行为便没有自主之权，而受命运的宰割

令她惊叹不已。她实在不忍离去，索性熄了火，走上前去，抚摸栅栏。它们还散发着油漆味。里面的那个女人正试图开动一台割草机。

"你好！"卡琳娜一边喊，一边挥着手。

"嘿，亲爱的。"里面那个女人站起身，在围裙上擦了擦手。

"我在看你的栅栏。真是太美了。"

那位陌生的女子微笑道："来门廊上坐一会儿吧，我告诉你栅栏的故事。"

她们走上后门台阶，当栅栏门打开的那一刻，卡琳娜欣喜万分，她终于来到这美丽房子的门廊，喝着冰茶，周围是不同寻常又赏心悦目的栅栏。"这栅栏其实不是为我设的。"那妇人直率地说道，"我独自一人生活，可有许多人来这里，他们喜欢看到真正漂亮的东西，有些人见到这栅栏后便向我挥手，几个像你这样的人甚至走进来，坐在门廊上跟我聊天。"

"可面前这条路加宽后，这儿发生了那么多变化，你难道不介意？"

"变化是生活中的一部分，也是铸造个性的因素，亲爱的。当你不喜欢的事情发生后，你面临两个选择：要么痛苦愤怒，要么振奋前进。"当卡琳娜起身离开时，那位女子说："任何时候都欢迎你来做客，请别把栅栏门关上，这样看上去很友善。"

卡琳娜把门半掩住，然后启动车子。内心深处有种新的感受，但是没法用语言表达，只是感到，在她那颗愤怒之心的四周，一道坚硬的围墙轰然倒塌，取而代之的是整洁雪白的栅栏。她也打算把自家的栅栏门开着，对任何准备走近它的人表示出友善和欢迎。

没有人会为你设限，人生真正的劲敌，其实是你自己。别人不会对你们封锁沟通的桥梁，可是，如果你自我封闭，又如何能得到别人的友爱和关怀。走出自己狭小的空间，敞开你的心门，用真心去面对身边的每一个人，收获友情的同时，你眼中的世界会更加美好。

　　所以说，一个孤独的人，若想克服孤寂，就必须远离自怜的阴影，勇敢走入充满光亮的人群里。我们要去认识人，去结交新的朋友。无论到什么地方，都要兴高采烈，把自己的欢乐尽量与别人分享。

不被理解的孤独，可以转化为鲜艳的绽放

　　人生在世，不可能事事顺心，追梦旅途中，孤独在所难免。如果我们面对挫折时能够虚怀若谷，大智若愚，保持一种恬淡平和的心境，便是彻悟人生的大度。正如马克思所言："一种美好的心情，比十服良药更能解除生理上的疲惫和痛楚。"在人生的跑道上，不要因为眼前的蝇头小利而沾沾自喜，应该将自己的目光放长远，只有取得了最后的胜利才是最成功的人生。

　　仙人球是一种很普通的植物，它的生长速度很慢，即使三四年

第二章　情感自愈力：
人为情感所支配，行为便没有自主之权，而受命运的宰割

过去了，仍然只有苹果大小，甚至看上去给人一种未老先衰的感觉。人们总喜欢将它放在阳台上不起眼的角落里。没多久，它开始被人忘记。然而，有一天它能从阳台角落里突然就长出一枝长喇叭状的花朵，优美高雅，色泽亮丽。这时，它的美才被人们发现。可以说，仙人球在经历了数年的默默无闻之后，才换来了一朝的绚烂绽放。

很多时候，我们的才能因为某种原因而未被领导及时发现，像仙人球一样被安置到了一个小小的角落里。这时，我们就要学会忍受孤独，抛开消极情绪，默默地积蓄力量，终有一天你会开出像仙人球一样令人惊叹的花。

小时候，他很孤独，因为没人陪他玩。他喜欢上画画，经常一个人在家涂鸦。稍大一点，他便用粉笔在灰墙上画小人、火车，还有房子。从上小学开始，他就感觉自己和别人不一样。"别人说，这个孩子清高。其实，我跟别人玩的时候，总觉得有两个我，一个在玩，一个在旁边冷静地看着。"他喜欢画画和看书，想着长大后做名画家。

高考完填志愿时，父母对他的艺术梦坚决反对。他不争，朝父母丢下一句：如果理工科能画画他就念。本来只是任性的推托，未承想父母真找到了个可以画画的专业，叫"建筑系"。

建筑师是干吗的？当时别说他不知道，全中国也没几个人知道。建筑系在1977年恢复，他上南京工学院（东南大学）时是1981年，当时的校长是钱锺书堂弟钱钟韩，曾在欧洲游学六七年，辗转四五个学校，没拿学位就回来了，钱钟韩曾对他说："别迷信老师，要自学。如果你用功连读三天书，会发现老师根本没备课，直接问几个

69

问题就能让老师下不来台。"

于是到了大二，他开始翘课，常常泡在图书馆里看书，中西哲学、艺术论、历史人文……看得昏天黑地。回想起那个时候，他说："刚刚改革开放，大家都对外面的世界有着强烈的求知欲。"

毕业后，他进入浙江美院，本想做建筑教育一类的事情，但发现艺术界对建筑一无所知。为了混口饭吃，他在浙江美院下属的公司上班，二十七八岁结婚，生活静好。不过他总觉得不自由，另一个他又在那里观望着，目光冷冽。熬了几年，他终于选择辞职。

接下来的十年里，他周围的那些建筑师们都功成名就，而他似乎与建筑设计绝缘了，过起了归隐生活，整天泡在工地上和工匠们一起从事体力劳动，在西湖边晃荡、喝茶、看书、访友。

在孤独中，他没有放弃对建筑的思考。不鼓励拆迁、不愿意在老房子上"修旧如新"、不喜欢地标性建筑、几乎不做商业项目，在乡村快速城市化、建筑设计产业化的中国，他始终与潮流保持一定的距离，这使他备受争议，更让他独树一帜，也让他的另类成为伟大。

虽然对传统建筑的偏爱曾让他一度曲高和寡，但他坚守自己的理想。"我要一个人默默行走，看看能够走多远。"基于这种想法，过去八年，从五散房到宁波博物馆以及杭州南宋御街的改造，他都在"另类坚持"，"我的原则是改造后，建筑会对你微笑。"

他叫王澍，是中国美术学院建筑艺术学院院长。

2012年5月25日下午，普利兹克奖颁奖典礼在人民大会堂举行，王澍登上领奖台。这个分量等同于"诺贝尔"和"奥斯卡"的

第二章 情感自愈力：
人为情感所支配，行为便没有自主之权，而受命运的宰割

国际建筑奖项，第一次落在了中国人手中。

"我得谢谢那些年的孤独时光。"谈起成功的秘诀，王澍说，幼年时因为孤独，培养了画画的兴趣，以及对建筑的一种懵懂概念；毕业后因为孤独，能够静下心来思考，以后的很多设计灵感都来源于那个时期。

尽管张楚在歌中唱道："孤独的人是可耻的，生命像鲜花一样绽开，我们不能让自己枯萎。"但我们也不能忘记另外一句话："真正优秀的人一定觉得自己是孤独的，他们也清醒地认识到自己的优秀来源于一份孤独。"

每一条河流都有属于自己的生命曲线，都会流淌出属于自己的生命轨迹。同样地，每一条河流都有自己的梦想，那就是奔向大海。我们的生命，有时就像泥沙，在不知不觉间沉淀下去，最终实现自己的积累。一旦你沉淀下去了，也许再也不需要努力前进了，但是你却失去了见到阳光的机会。所以，不管你现在处于什么状态，一定要有水的精神，不断积蓄力量，不断冲破障碍。若时机不到，可以逐步积累自己的厚度。当有一天你发现时机已经到来，你就能够奔腾入海，实现自己生命的价值。

向往自由的孤独，何尝不是一种享受

人缺少的往往是一份自己独处的淡定的心，太过喧嚣的生活环境里，我们更容易迷失自我。不如像黑格尔说的那样："背起行囊，独自旅行，做一个孤独的散步者。"

很多人喜欢三毛，喜欢她对自由的诠释。可是，为何这么多年过去，再没有出现一个像三毛一样的人？为什么她的自由只能被默默欣赏，而无法直接效仿呢？因为我们害怕孤独，无法像她一样摆脱尘世的杂念，故而得不到她那样的自由。

我们崇拜三毛行走在撒哈拉大沙漠里的洒脱，可大部分人只敢跟着旅行团走马观花，又有几人愿意背起简单的行囊独自去旅行呢？我们大多数人都是这复杂世界中的一颗棋子，心甘情愿地接受他人的摆布，这些包括我们的亲人、朋友、上司，甚至可能是这世界上的任何一个人。我们害怕如果不接受摆布就会被排斥，我们无法承受那样的孤独，所以当三毛的心飞向自由时，我们心甘情愿地被束缚。

也有人认为三毛很软弱，因为她的文字总是写满忧伤，她的故事里总是带着感伤。或许说得没错。但这何尝不是三毛对内心孤独

第二章　情感自愈力：
人为情感所支配，行为便没有自主之权，而受命运的宰割

的一种面对与释放呢？

三毛的孤独来自她对"自己"二字的定义。三毛说："在我的生活里，我就是主角。对于他人的生活，我们充其量只是一份暗示、一种鼓励、启发，还有真诚的关爱。这些态度，可能因而丰富了他人的生活，但这没有可能发展为——代办他人的生命。我们当不起完全为另一个生命而活——即使他人给予这份权利。坚持自己该做的事情，是一种勇气。"

现代女性虽然不再像古时那样嫁夫从夫、三从四德，可大部分女人还是心甘情愿地牺牲自己来成全男人，直到伤得体无完肤，才知道什么叫"爱自己"。三毛也很爱荷西，可她从来没有因为爱荷西而失去自我，她说："我不是荷西的'另一半'，我就是我自己，我是完整的。"为了自己，三毛孤独地生活着。

在《稻草人手记》的序言里，有这样一段描写：一只麻雀落在稻草人身上，嘲笑它，"这个傻瓜，还以为自己真能守麦田呢？它不过是个不会动的草人罢了！"话落，它开始张狂地啄稻草人的帽子，而这个稻草人，像是没有感觉一般，眼睛不动地望着那一片金色的麦田，直直张着自己枯瘦的手臂，然而当晚风拍打它单薄的破衣裳时，稻草人竟露出了那不变的微笑来。

三毛就像这稻草人，执着地微笑着守护内心中那片孤独的麦田。

作家司马中原说："如果生命是一朵云，它的绚丽，它的光灿，它的变幻和漂流，都是很自然的，只因为它是一朵云。三毛就是这样，用她云一般的生命，舒展成随心所欲的形象，无论生命的感受，是甜蜜或是悲凄，她都无意矫饰，字里行间，处处是无声的歌吟，

我们用心灵可以听见那种歌声，美如天籁。被文明捆绑着的人，多惯于世俗的烦琐，迷失而不自知。"

世人根本没有必要为三毛难过，而应该为她高兴，因为她找到了梦中的橄榄树。在流浪的路上，她随手播撒的丝路花语，无时不在治疗着一代人的青春疾患，她的传奇经历已成为一代青年的梦，她的作品已成为一代青年的情结。她虽死犹生。

有时候，给自己一些孤独时光，做一个孤独的散步者，你会越走越和谐，越走越从容，越走越懂得享受人与人之间一切平凡而卑微的喜悦。当有一天，走到天人合一的境界时，世上再也不会出现束缚心灵的愁苦与欲望，那份真正的生之自由，就在眼前了。

2. 如果不懂宽恕，生命会被无休止的仇恨和报复所支配

人一旦受到伤害，最容易产生的情感，就是怨恨。这种情感来得很快。女人希望她的前夫与他的新妻子倒霉；男人希望背叛了他的朋友被解雇……无论是被动的还是主动的，怨恨都是一种郁积着的邪恶，它窒息着快乐，危害着健康，它对怨恨者的伤害比被怨恨者更大。

仇恨会使人丧失理智，犯下大错

仇恨就是埋在我们心中的火种，如果不设法将其熄灭，必然会烧伤自己。有时候，即便自己已经灼烧成灰，对方却依然毫发无伤。仇恨常常左右人们的理智，使人们对复杂多变的形势做出错误的分析和判断。因此有人说，一个被仇恨左右的人一定是不成熟的人。因为聪明的人一定会懂得在选择、判断时，摒除外界因素的干扰，

采取理智的做法。

　　三国时，曹操历经艰险，在平定了青州黄巾军后，实力增加，声势大震，有了一块稳定的根据地，于是他派人去接自己的父亲曹嵩。曹嵩带着一家老小40余人途经徐州时，徐州太守陶谦出于一片好心，同时也想借此机会结纳曹操，便亲自迎接曹嵩一家，并大设宴席热情招待，连续两日。一般来说，事情办到这种地步就比较到位了，但陶谦还嫌不够，他还要派500士卒护送曹嵩一家。这样一来，好心却办了坏事。护送的这批人原本是黄巾余党，他们只是勉强归顺了陶谦，而陶谦并未给他们任何好处。如今他们看见曹家装载财宝的车辆无数，便起了歹心，半夜杀了曹嵩一家，抢光了所有财产跑掉了。曹操听说之后，咬牙切齿道："陶谦放纵士兵杀死我父亲，此仇不共戴天！我要尽起大军，血洗徐州。"

　　随后，曹操亲统大军，浩浩荡荡杀向徐州，所到之处无论男女老少，鸡犬不留。吓得陶谦几欲自裁，谢罪曹公，以救黎民于水火。然而，事情却突然发生了骤变，吕布率兵攻破了兖州，占领了濮阳。怎么办？这边父仇未报，那边又起战事！如果曹操此时被复仇的想法所左右，那么，他一定看不出事情的发展趋势，也察觉不出情况的危急。但曹操毕竟是曹操，他是一个十分冷静沉着的人，也是一个非常会控制自己情绪的人。正因如此，他立刻分析出了情况的严重性——"兖州失去了，就等于断了我们的归路，不可不早做打算。"于是，曹操便放弃了复仇的计划，拔寨退兵，去收复兖州了。

　　同是三国枭雄，反观刘备，只因义弟关羽死于东吴之手，便不顾诸葛亮、赵云等人的劝阻，一意孤行，杀向东吴。最终仇未得报，又被陆逊一把火烧了七百里连营，自感无颜再见蜀中众臣，郁郁死于白帝城，从此西蜀一蹶不振。

曹操与刘备谁的仇更大？显然是曹操，曹操死了一家老小40余人，而刘备只死了义弟关羽一人。但曹操显然要比刘备冷静得多，他面对骤变的局势，思维、判断没有受到复仇心态的任何影响，所以他才能够摆脱这次危机，保住了自己的地盘和势力。

由此可见，理易清，仇则易乱。我们做人，若说尽去七情，洗净六欲，显然是不现实的，但放宽情怀，尽量避免为情绪所控制则并不是什么难事。

我们淡忘仇恨，同时也是解放了自己，与其因为愤恨而耗尽自己一生的精力，时时记着那些伤害你的人和事，被回忆和仇恨所折磨，还不如淡忘它们，把自己的心灵从禁锢中解脱出来。遇事但凡有这个念头在，你的人生势必会少为烦恼所牵绊，你的心灵自然会智慧、轻松许多。

如果你心胸狭隘，就难以承担重任

生活中，我们偶尔会碰到这样的人——他们心胸狭隘，些许小事也会记恨良久，一句无心之言也会令其大动肝火，即我们口中常说的小肚鸡肠。可想而知，这样的人自然不会有什么好人缘，更别说成就一番大业。

一如三国时的张昭，虽在孙策死前曾被委以大任，但终因自己气量狭隘而未能得以拜相。

一次，孙权大宴群臣，让诸葛恪为大家敬酒。诸葛恪依命向大臣们一一敬酒。斟到张昭时，张昭已醉推辞不喝，而诸葛恪依然再劝，张昭不悦道："这哪里是尊敬老人！"孙权故意给诸葛恪出难题，说："看你能不能让张公理屈词穷把酒饮下，不然这杯酒就你喝了。"

于是，诸葛恪对张昭说："过去师尚父九十岁，还能披坚执锐，领兵作战，不言自己已老。现在，带兵打仗，请您在后，而喝酒吃饭，请您在前，这怎么能说是不敬老呢？"张昭无言以对，只得把酒喝下，但从此就记恨上了诸葛恪。

有一天，孙权和诸葛恪、张昭等大臣在殿中议事，忽然一群鸟飞到殿前，这些鸟头部均为白色。孙权不知道这是什么鸟，就问诸葛恪："你知道这鸟叫什么名字吗？"诸葛恪不假思索地回答："这种鸟叫白头翁。"诸臣中张昭年纪最大，又是一头白发，他以为诸葛恪是在借机取笑自己，就对孙权说："陛下，诸葛恪在骗人！从来没有听说过叫白头翁的鸟。如果真有白头翁，那是不是应该有白头母呢？"

诸葛恪立刻反驳道："鹦母这种鸟，大家一定都听说过吗？如果依老将军的话，那一定还有鹦父了，请问老将军能打到这种鸟吗？"张昭顿时无言以对。

第二章 情感自愈力：
人为情感所支配，行为便没有自主之权，而受命运的宰割

因为气量狭小，张昭很难与人搞好关系。甘宁自降吴以后，急于立功，于是请求征黄祖、取刘表，并自请任先锋。孙权觉得可行，准备实施。张昭却不同意，甘宁很不高兴，反唇相讥道："国家以萧何之任付君，君屠守而忧乱，奚以希慕古人乎？"孙权看到这种情形，赶紧劝道："兴霸，今年兴讨，决意付卿，卿但当勉建方略，令必克祖则卿之功，何嫌张长史之言乎？"孙权虽然为二人解了围，但明显站到了甘宁一边。

从这件小事就可以看出，实际上，东吴众将不服张昭。后来，孙权果然令甘宁为先锋征黄祖，并大获全胜。

张昭之所以不能为相，还由于他的自大。张昭虽为东吴重臣，其实并没有什么雄才大略，但他却目中无人。东吴有大才者，首推周瑜，次为鲁肃，而他竟不把鲁肃放在眼里，他说："鲁肃虽然薄才，可不够谦逊，年纪太轻处世经验不足，难堪大用。"

不仅如此，张昭的胆量也不够壮。汉献帝建安十三年秋，曹操率数十万大军南下，企图夺取江东，众武将欲战，而以张昭为首的文官却欲降。幸亏周瑜、鲁肃坚持，才在赤壁大败曹操。

除了直言忠谏外，张昭在其他方面恐怕没什么才能，而且因为气量小，不能够处理好与同僚的关系，所以若是任他为相，东吴上下必会君臣离心，四分五裂，所以他到最后也未能拜相。

像张昭一样的人在生活中并不少见，我们当然不能如此，也不必和这种人斗气，应以大度之心避免与其发生冲突，当然，若是他对你的人生发展产生了不良影响，那就巧妙地与之周旋，用策略来对付他。总之，我们切不可因气量狭小而破坏自己的人际关系，拖

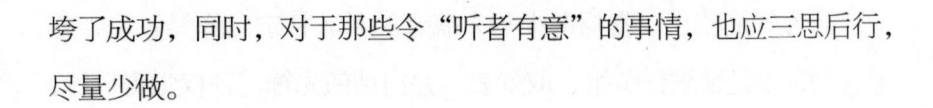

垮了成功，同时，对于那些令"听者有意"的事情，也应三思后行，尽量少做。

宽恕别人的同时，也是在宽恕自己

在这个世界里，一个人即使是出于好意也会伤害他人。朋友背叛你、父母责骂你、爱人离开你……总之，每个人都会受到伤害。

也许昨天，也许很久以前，有人伤害了你，你不能忘记。你本不应受到这种伤害，于是你把它深深地埋在心里等待报复。不过现在你应该明白，这样做是毫无益处的，不肯放过别人就是不宽恕自己。

你一定见过这样的女人，她们的脸因为怨恨而产生皱纹，因为悔恨而变了形，表情僵硬。不管怎样美容，对她们容貌的改进，也及不上让她心里充满了宽容、温柔和爱所能改进的一半。

怨恨的心理，甚至会毁了你对食物的享受。圣人说："怀着爱心吃菜，也会比怀着怨恨吃牛肉好得多。"

要是你的仇人知道你对他的怨恨使你精疲力竭，使你疲倦而紧张不安，使你的外表受到伤害，使你健康受损，甚至可能使你短命的时候，他们不是会拍手称快吗？

第二章　情感自愈力：
人为情感所支配，行为便没有自主之权，而受命运的宰割

即使你不能爱你的仇人，至少也要爱你自己。要使仇人不能控制你的快乐、你的健康和你的外表。就如莎士比亚所说的："不要因为你的敌人而燃起一把怒火，热得烧伤你自己。"

你也许不能像圣人般去爱你的仇人，可是为了你自己的健康和快乐，你至少要忘记他们，这样做实在是很聪明的事。

曾任纽约州长的威廉·盖诺被一份内幕小报攻击得体无完肤之后，又被一个疯子打了一枪几乎送命。他躺在医院为他的生命挣扎的时候，他说："每天晚上我都原谅所有的事情和每一个人。"这样做是不是太理想了呢？是不是太轻松、太好了呢？如果是的话，就让我们来看看那位伟大的德国哲学家，也就是"悲观论"的作者叔本华的理论。他认为生气就是一种毫无价值而又痛苦的冒险，当他走过的时候好像全身都散发着痛苦，可是在他绝望的深处，叔本华叫道："如果可能的话，不应该对任何人有怨恨的心理。"

托尔斯泰曾经讲过这样一个故事：有位国王想励精图治，如果有三件事可以解决，则国家立刻可以富强。第一，如何预知最重要的时间。第二，如何确知最重要的人物。第三，如何辨明最紧要的任务。于是群臣献计献策，却始终不能让国王满意。

国王只好去问一位极为高明的隐士，隐士正在垦地，国王问这三个问题，恳求隐士给予指点。但隐士并没有回答他。隐士挖土累了，国王就帮他继续干。天快黑时，远处忽然跑来一个受伤的人。于是国王与隐士把这个受伤的人先救下来，裹好了伤口，抬到隐士家里。翌日醒来，这位伤者看了看国王说："我是你的敌人，昨天知道你来访问隐士，我准备在你回程时截击，可是被你的卫士发现了，

他们追捕我，我受了伤逃过来，却正遇到你。感谢你的救助，也感谢你让我知道了这个世界上最宝贵的东西，我不想做你的敌人了，我要做你的朋友，不知你愿不愿意？"国王听了微笑着说："我当然愿意。"

国王再去见隐士，还是恳求他解答那三个问题。隐士说："我已经回答你了。"国王说："你回答了我什么？"隐士说："你如不怜悯我的劳累，因帮我挖地而耽搁了时间，你昨天回程时，就被他杀死了。你如不怜恤他的创伤并且为他包扎，他不会这样容易地臣服你。所以你所问的最重要的时间是'现在'，只有现在才可以把握。你所说的最重要人物是你'左右的人'，因为你立刻可以影响他。而世界上最重要的是'爱'，没有爱，活着还有什么意思？"

学着宽恕吧！遇事记恨别人的人，往往不能从被伤害的阴影中平安归来，痛苦总是如影随形，受伤害的反而是自己。因此，你一定要尽己所能地宽恕别人，这样做也正是在宽恕自己。

一个人的胸怀能容得下多少人，就能赢得多少人

心中世界是宽是阔，完全取决于心的大小。倘若你心胸狭隘，相应地，你的世界也就很狭小；倘若你心胸宽阔，那么就能包容一

第二章　情感自愈力：
人为情感所支配，行为便没有自主之权，而受命运的宰割

切。正所谓大千世界尽于我心，如果我们能将心的容积扩大到无穷无尽，那么我们所拥有的世界也会无限宽广。即所谓"心的格局有多大，人生的舞台就有多大"。

我们的心就像一个容器，你的容器有多大，能承载多少，将决定你能做多少事，成就多大的事业。如果我们的心只有一个杯子大小，那么最多只能容下一杯子水。换言之，若是我们将心中的杯子变成一个水池，是不是就能容下更多的水？再变成一条河流，变成一片海洋……即"海纳百川，有容乃大"。做人，只要有一种看透一切的格局，就能做到豁达大度；把一切都看作"没什么"，才能在慌乱时，从容自如；忧愁时，增添几许欢乐；艰难时，顽强拼搏；得意时，言行如常；胜利时，不醉不昏。只有如此放得开的人，才是豁达大度之人。

麦金利任美国总统时，任命某人为税务主任，但为许多政客所反对，他们派遣代表进谒总统，要求总统说出派那个人为税务主任的理由。为首的是一位国会议员，他身材矮小，脾气暴躁，说话粗声恶气，开口就给总统一顿难堪的讥骂。如果换成别人，也许早已气得暴跳如雷，但是麦金利却视若无睹，不吭一声，任凭他骂得声嘶力竭，然后才用极温和的口气说："你现在怒气应该可以平和了吧？照理你是没有权力这样责骂我的，但是，现在我仍愿详细解释给你听。"

这几句话把那位议员说得羞惭万分，但是总统不等他道歉，便和颜悦色地说："其实我也不能怪你。因为我想任何不明就里的人，都会大怒若狂。"接着他把任命理由解释清楚了。

不等麦金利总统解释完，那位议员已被他的大度折服。他懊悔不该用这样恶劣的态度责备一位和善的总统，他满脑子都在想自己的错。因此，当他回去报告抗议的经过时，他只摇摇头说："我记不清总统的解释，但有一点可以报告，那就是——总统并没有错。"

无疑，在这次交锋中，麦金利占了上风。为什么他能占上风？就是因为他的宽宏大量。做人首先是要有一颗博大的心，这颗心的格局要大。心的格局有多大，人生的成就就有多大。不是有"海纳百川，有容乃大"这句话吗？这句话被许多人看成是自己做人的准则，麦金利就是其中之一。

同样是一颗心，有的人心中能容下一座山或是一片海，有的人心中却只能装下一己私利、一己悲欢。心有多大，世界就有多大，有大心量之人，方能够铸造大格局，有大格局者，方能够成就大气候！若是你的心还不够大，那么就用你的经历与勇气去把它撑大吧。

3. 忌妒是一种软弱的傲慢，使他人和自己两败俱伤

像空气一样轻的小事，对于一个忌妒的人，也会变成天书一样坚强的确证——也许这就可以引起一场是非。如同钢铁被铁锈腐蚀一样，妒忌者会被自己的激情消耗掉。

忌妒像一把看不见的钢刀，瞬间刺瞎人的心

人性中的忌妒，就像一把看不见的钢刀，不仅会刺瞎人的眼睛，还会刺瞎人的心，如果让人类的这种情感恶性循环下去，所有美好的东西都将成为忌妒的陪葬品。这种由褊狭、自私而萌生的忌妒显然是消极的。

王微与李楠是某艺术院校大三的学生，同在一个宿舍生活。入学不久，两个人就成了形影不离的好朋友。王微活泼开朗，李楠性

格内向，沉默寡言。李楠逐渐觉得自己像一只丑小鸭，而王微却像一位美丽的公主，心里很不是滋味，她认为王微处处抢自己的风头，心中暗暗恨着王微。大四那年，王微参加了学院组织的服装设计大赛，并获得了一等奖，李楠听到这一消息以后心中特别难受，便趁着王微不在宿舍时将她的参赛作品撕成碎片，扔在床上。王微回来以后，看到这种情况不知道该如何与李楠相处，更想不通事情为什么会变成这个样子。

　　王微与李楠从形影不离到反目为仇，这样的变化实在令人惋惜，而引起这场悲剧的根源只有两个字——忌妒。

　　客观地说，毫无忌妒心的人是没有的，忌妒是人的本性，在合理范围内可被视为正常反应。但如果让自己的内心充满妒忌，就可能导致行动不顾后果，做事缺乏考虑。所以莎士比亚一再提醒人们："您要留心忌妒啊，那是一个绿眼的妖魔！"的确是这样，现实生活中，忌妒作为一种病态心理危害极大。忌妒者往往会不择手段地采取种种办法，打击其忌妒对象，既有害自己的心理健康，又影响他人。

　　在现今社会，最具代表性的忌妒心理就是仇富现象。据说中关村某男士经过数年的打拼才积累了一点资产，买了一辆别克轿车代步，可停在公司楼下没几天，就被人划上了几道疤痕，这位男士无奈地说："如果我买的是夏利或者奥拓，它的命运肯定要好一些。"

　　忌妒是一种四处游荡的情欲，能享有它的只能是闲人。人被这种情欲纠缠了，又如何摆正心态去经营自己的人生？对于别人的成功，应该以一种认同的、竞争的心态去对待，思考一下他们的成功历程，在心里问问自己：都是人，为什么他们能做到，而"我"做不到呢？找出自己的欠缺，弥补自己、充实自己，争取早日进入他们的行列。

忌妒心理通常来自生活中某一方面的"缺乏"。你心里泛酸，不是滋味，是因为你想得到的东西被别人得到了，你因此失落，甚至认为是别人抢走了原本属于你的关注、荣誉、利益、机遇，等等。这种感觉会扰乱你的生活，会让你被忌妒情绪所左右，并不断强化和持久化这种情绪。

我们可以通过自我安慰式的洒脱来消除它的影响。在心里告诉自己：总会有新的机遇、新的朋友、新的美好在等待"我"，只要"我"愿意把握！这种自我安慰能够减少你的压力。

做人洒脱一点，活得就会更自由一点、更放松一点，当你发现自己被忌妒找上时，记得把心态从"缺乏"转移到"丰富"上，你就能够淡定了。

忌妒别人，其实是潜意识觉得自己不如别人

一切忌妒的火，都是从燃烧自己开始。忌妒者内心充满痛苦、焦虑、不安与怨恨，这些情绪久久郁积于内心，就会影响身心健康。

所以,"忌"实为"疾"也。

其实,忌妒就是自寻烦恼,拿他人的成就来折磨自己,不能战胜对方,自己又不服输;不能超越对方,自己又不服气,于是就开始忌妒。忌妒说到底就是对自身的轻蔑。它清楚地告诉别人,自己是一个弱者,自己不如别人;忌妒又是为自己设下的羁绊,它会使自己深陷一种深深的痛苦之中,甚至落得个可悲、可怜甚至可笑的下场。

东汉末年,官渡一役令曹操声威大震,日益强盛起来。他先灭河北袁绍,又以锐不可当之势先后灭掉几个大小诸侯,将刘备赶得几乎无处依身,最后又盯上了虎踞江东的孙权。曹操势大,诸葛亮遂提出联孙抗曹之论,刘备然之。于是,诸葛亮只身入东吴,舌战群雄、智激孙权,终于孙刘结盟。

诸葛亮在吴期间,东吴都督周瑜忌诸葛亮之才,一心剪除以绝后患,但均被诸葛亮洞察先机一一化解,由此周瑜的妒意愈深。

赤壁一战,凭诸葛亮、周瑜之智,得庞统、徐庶相助,火烧连环船,杀得曹军尸横遍野、血染江河,若不得关羽华容道义释,曹军几近无一生还。得意之余,周瑜欲乘胜而进,吞并曹操在荆州的地盘,谁知却被诸葛亮捷足先登。周瑜不甘,意欲强攻,又被赵云打败,自己还中了一箭。

此后,东吴几次追要荆州均无功而返,周瑜不禁心生一计,与孙权密谋假嫁妹,骗刘备入东吴,再图之。可惜,此计又未能逃过诸葛亮的眼睛,他授予赵云三个锦囊,最终使得周瑜"赔了夫人又折兵"。

第二章 情感自愈力：
人为情感所支配，行为便没有自主之权，而受命运的宰割

终于，周瑜按捺不住，欲"借道伐虢"，一举灭掉刘备，却被深谙兵法的诸葛亮挡回，并书信一封讥讽周瑜。周瑜原本气量狭小，三气之下终于长叹一声"既生瑜，何生亮"，追随孙策而去。

历史学家提出，诸葛亮与周瑜平生并无交集，这是罗贯中先生为神化诸葛亮而杜撰的情节。史实如何我们且不去管它，然周瑜的一句"既生瑜，何生亮"却一直受到君子们的诟病，其原因就在于他没有一个正确的心态。面对才高于己的人，他不去谦虚讨教，以求他日赶超诸葛亮，反而去忌妒、去陷害，最终负了孙策昔日之托，大业未成便撒手人寰。

忌妒心强的人，一般自卑感较强，没有能力、没有信心赶超先进者，但却又有着极强的虚荣心，不甘心落后，不满足现状，所以看到一个人走在他前面了，他眼红、痛恨；另一个人也走在他前面了，他埋怨、愤怒、说三道四；第三个人又走在他前面了，他妒火上升、坐立不安……一方面，他要盯住成功者，试图找出他们成功的原因；另一方面，忌妒又使得他心胸狭窄，戴着有色眼镜去看待别人的成功，觉得别人成功的原因似乎都是用不光彩的手段得来的，因而便想方设法去贬低他人，到处散布诽谤别人的谣言，有时甚至会干出伤天害理的事情来。这样做的结果，不但伤害了别人，同时也降低了自己的人格，毁掉了自己的荣誉，事后又难以避免地陷进自愧、自惭、自责、自弃等心理状态之中，为此夜不能眠，昼不能安，自己折磨自己。

很明显，忌妒别人正是因为己不如人。那么，我们为何不将忌妒化作一种动力，借助这股动力去弥补自身的不足，赶超比你强的

人呢？将忌妒升华为良性竞争行为，忌妒者会奋发进取，努力缩小与被忌妒者之间的差距；而被忌妒者面临挑战，一般也不会置若罔闻，为保持和发展自己的优势地位，他们会选择迎接挑战，从而强化竞争。也就是说，忌妒可能会引发并维持一种现象，在良性竞争过程中，忌妒双方成为竞争的双方，互相促进，共同优化。

忌妒化为良性竞争，从这个意义上说："忌妒是一种很伟大的存在。"但是，因忌妒而采取如此积极态度和行为的人实在太少，忌妒产生的多是对立、仇视、攻击和破坏。古往今来，因忌妒导致的悲剧不在少数。无怪乎巴尔扎克发出感叹："忌妒潜伏在心底，如毒蛇潜伏在穴中。"

若想摆脱忌妒的控制，重拾快乐，成就一个卓越的人生。从现在开始，你就必须唤醒自己的积极忌妒心理，勇敢地向对手挑战。积极的忌妒心理必然产生自爱、自强、奋斗、竞争的行动和意识。当你发现自己正隐隐忌妒一个各方面都比自己优秀的同事时，你不妨反问自己——这是为什么？在得出明确结论以后，你会大受启示：要赶超他人，就必须横下一条心，在学习和工作上努力，以求得事业成功。你不妨借助忌妒心理的强烈超越意识去发愤努力，升华忌妒之情，建立强大的自我意识，以增强竞争的信心。

你应该时刻提醒自己：忌妒别人就证明自己不如别人，是在贬低自己，你为什么要做这种傻事呢？其实根本无须忌妒别人，将精力、时间、智慧集中起来做好自己的事情，你一定会从生活中得到自己的一分收获。

在忌妒的蒙蔽下，人往往会做出愚蠢的举动

据外媒报道，一项新的研究表明，忌妒能让一个人视力降低，变得盲目。

美国特拉华大学的两位心理学教授领导了这一研究。他们发现，人在产生忌妒情绪时，他们的判断识别能力会明显下降，使他们的目光无法聚焦于正要寻找的目标，因此在选择时也会变得盲目。研究人员找30对情侣参与了这一研究，他们让男女分开，男性要在女友以外的女性中选出一位有好感的人；与此同时，要求女性对计算机中的画面进行记忆。结果显示，忌妒感越强的女性，对画面的认知度和记忆度越差，有些人甚至将"大树"看成"黑色的图纸"，发生"暂时性失明"。

有一对夫妇，他们的心胸很狭窄，总爱为一点小事争吵不休。有一天，妻子做了几样好菜，想到如果再来点酒助兴就更好了。于是她就拿瓢到酒缸里去取酒。

妻子探头朝缸里一看，瞧见了酒中倒映着的自己的影子。她也没细看，一见缸中有个女人，以为是丈夫对自己不忠，偷着把女人带回家来藏在缸里，忌妒和愤怒一下子冲昏了她的头脑，她想都没

想就大声喊起来："喂，你这个混蛋死鬼，竟然敢瞒着我偷偷把别的女人藏在缸里面。你快过来看看，看你还有什么话说？"

丈夫听了糊里糊涂的，不知道发生了什么事情，赶紧跑过来往缸里瞧，看见的是自己的影子。他一见是个男人，也不由分说地骂起来："你这个坏婆娘，明明是你领了别的男人回家，暗地里把他藏在酒缸里面，反而诬陷我，你到底安的是什么心眼！"

"好哇，你还有理了！"妻子又探头往缸里看，见还是先前的那个女人，以为是丈夫故意戏弄她，不由勃然大怒，指着丈夫说："你以为我是什么人，是任凭你哄骗的吗？你，你太对不起我了……"妻子越骂越气，举起手中的水瓢就向丈夫扔过去。

丈夫侧身一闪躲开了，见妻子不仅无理取闹还打自己，也不甘示弱，于是还了妻子一个耳光。这下可不得了，两人打成一团，又扯又咬，简直闹得不可开交。

最后闹到了官府，官老爷听完夫妻二人的话，心里顿时明白了大半，就吩咐手下把缸打破。一个侍卫抡起大锤，一锤下去，葡萄酒从被砸破的大洞汩汩流了出来。不一会儿，葡萄酒流光了，缸里也就没有人影了。

夫妻二人这才明白他们忌妒的只不过是自己的影子而已，心中很是羞惭，于是就互相道歉，重又和好如初了。

我们遇到怀疑的事，不宜过早下结论，要客观、理智地去分析，才能够了解真相。尤其在生气的时候，不能像故事中的这对夫妻见到自己的影子，不能冷静地思考分析，反被忌妒心冲昏了头脑而伤了和气。

忌妒心会使一个人的思维变得狭窄，而做出愚蠢的决定和举动。如果忌妒已然让人杯弓蛇影，草木皆兵，那未免有些太过可笑。上面这个故事看似笑话，却引人深思。如果我们因为忌妒而猜疑，因忌妒而过早下结论，那么，或许就永远无法了解事情的真相了。

能够欣赏别人，就是战胜了自己

有一个农民，他的邻居因为家里有一头牛而比他富裕。有一次，这位农民救了一条神鱼，神鱼答应满足这个农民的任何一个心愿。这位农民指着邻居的楼房说："他比我富裕，就是因为他家有一头牛。"神鱼以为自己明白了农民的意思，就说："这好办，我给你10头牛。"哪知农民咬牙切齿地说："不，我不要你的牛，我要你把他家的那头牛杀死。"

这是很典型也是极不正确的应对忌妒的方式——不是通过让自己变得比别人更好来缓解忌妒，而是通过打压别人来寻求心理的平衡。如果说，忌妒这种情感与道德关系不大，那这种行为就与道德大大地相关了。这样的人，简直可以称得上是小人了。

其实，见不得别人好是人类正常的心理现象，但我们要将其有效地转化为奋斗的动力，而不是忌恨的"源泉"。我们应该尝试着放下累赘的包袱,带着祝福的心,欣赏别人的风景,憧憬自己的梦。

如果能够懂得欣赏别人而不是嫉妒别人,那么在把欣赏和祝福给予别人的同时,我们也把激励和鞭策给了自己。因为在欣赏别人的过程中,我们也能以人为镜,看到不足,找出差距,从而不断提高自身素质和修养水平。

学会欣赏别人,我们就不会活在别人的影子里,而会在欣赏的过程中得到升华,在欣赏中思考自己,寻找自己,正视自己,修正自己。善于理智欣赏别人的人,总会得到更多人的欣赏和帮助,创造一个更适合个性发展的宽松、和谐又布满人情味的人际环境。

林先生与丁先生从小到大,是无话不说的好朋友。大学毕业几年之后,机缘巧合之下,两人先后进入了同一家公司工作。

由于丁先生较早进入这家公司并且工作出色,因此在林先生刚入职的时候,丁先生经常带他,跟他讲解公司的规章制度,以及相关业务的操作流程。慢慢地,林先生熟悉了公司的业务,半年以后,他的业绩竟然超过了丁先生。

作为公司的骨干人员,丁先生一下子就感觉到了巨大的压力,埋在心底的那颗酸葡萄发作了。因此,两人工作之余的话语变得越来越少。

林先生看出了老朋友的心病,于是决定帮他放下内心的包袱,所以时不时地就约他出来钓鱼。其间,林先生试探性地跟丁先生谈到工作上的事情,并且从自己的角度,给他提了几点建议。丁先生

第二章 情感自愈力：
人为情感所支配，行为便没有自主之权，而受命运的宰割

心里自然十分清楚，老朋友是真心想缓和两人之间的紧张关系，很快两个人又和好如初了。

在年终考核的时候，林先生的业绩遥遥领先，同事都对他心服口服。这个时候，部门经理的职位空缺，很多人都盯着这个岗位。最终，林先生通过竞争上岗得到了部门经理的位置。

现在两个人都互相帮助，共同享受着并肩作战的成就与快乐。

丁先生理性地调整自己的心态，克服自己的忌妒心理，才让自己的友谊与事业都得到了发展。

会欣赏别人的人是心胸宽广的，即使心里也曾泛过酸，但终究可以压制住。极度的忌妒者，他们受不了别人的成功，一切美好的东西都会引起他们的仇恨，他们忌妒别人的才能，忌妒别人的名誉，忌妒别人的地位，忌妒别人的财富，由忌生恨，从而使自己一直困在负面情绪之中。

这样活着，累不累啊？每个人都有自己的长处，也都有自己的短处，何必非要纠结于一时之长短呢？心里泛了酸，就努力去超越，脚踏实地地把自己的事做好比什么都强。

一次，一位成功学讲师在做了一番精彩演讲之后，有位男士从听众席上站了起来。他说："我很敬佩你，而作为男人，我也很忌妒你，将来，我一定要努力超过你。"这位男士的话音刚落，听众席上就响起了雷鸣般的掌声，而且持续的时间竟然超过了对演讲者的喝彩。

这是对人性的赞美和鼓励——既然人人都会忌妒，那我们就需要把它当成一种存在来尊重；表达一种不太光彩的情感，这种勇敢

本身就是一种可贵的能力。而更重要的是，人性还有着另外一种品质，那就是永不服输的雄心壮志。后者的光辉，足以照亮前者的阴暗。

能够欣赏别人，就是战胜了自己。当你察觉自己的心中出现了忌妒情绪，不妨对自己说："我比不过你，我欣赏你还不可以吗？但我将来一定要努力超越你。"你如果能够一直这样对自己说，并且一直这样做，你会越发勇敢而强大。

4. 分手了就做回自己，一个人的世界同样有月升月落

已经跟你分手的人，不会再向你回望。如果你不愿明白这一点，还沉浸在失恋的旧伤里，这就叫作逃避现实。醒来吧！从伤感主义和自我沉溺中醒来！伤感主义和自我沉溺，说穿了，是一种心病。稍稍调剂一下还可以，但决不能沉浸其中。

爱情本身具有一定的可变性

爱情中，聚聚散散、离离合合是很正常的事，一如四季交替，阴晴雨雪。一段爱情，未必就是一个完整的故事，故事发生了也未必就会是一个完美的结局。对于爱情，我们不要将它视为不变的约定，曾经的海誓山盟谁又能保证它不会成为昔日的风景？

晓寒和东阳是华南某名牌大学的高才生。他们俩既是同班同学，

又是同乡，所以很自然地成了形影不离的一对恋人。

一天东阳对晓寒说："你像仲夏夜的月亮，照耀着我梦幻般的诗意，使我有如置身天堂。"晓寒也满怀深情地说："你像春天里的阳光，催生了我蛰伏的激情。我仿佛重获新生。"两个坠入爱河的青年人就这样沉浸在爱的海洋中，并约定等晓寒拿到博士学位就结成秦晋之好。

半年后，晓寒到国外深造。多少个异乡的夜晚，她怀着尚未启封的爱情，像守着等待破土的新绿。她虔诚地苦读，并以对爱的期待时时激励着自己的锐志。几年后，晓寒终于以优异的成绩获得博士学位，处于兴奋状态的她并未感到信中的东阳有些许变化，学业期满，她恨不得身长翅膀脚生云，立刻就飞到东阳身边，然而她哪里知道，昔日的男友早已和别人搭上了爱的航班。晓寒找到东阳后质问他，东阳却真诚地说："我对你已无往日的情感了，难道必须延续这无望的情缘吗？如果非要延续的话，你我只能更痛苦。"晓寒只好退到别人的爱情背面，默默地舔舐着自己不见刀痕的伤口。

或许我们会站在道义的立场上，为品德高贵、一诺千金的晓寒表示惋惜，但我们能就此来指责东阳什么呢？怪只能怪爱本身就具有一定的可变性。

是你的就是你的，不是你的就不要强求，过分地执着伤人且又伤己。

聪明人之所以与众不同，就在于他们勇于放开胸怀接受好的一面，更敢于睁大眼睛不怕痛苦地正视坏的一面，他们深知，好的一面的好处众人皆知，坏的一面里蕴含的好处，不是每个人都可以知道的。

不要憎恨你曾深爱过的人，或许他还没有准备好与你牵手，或许他还不过是个不成熟的大孩子，或许他有你所不知道的原因。不管是什么，都别太在意，别伤了自己。你应该意识到，如此优秀的你，离开他一样可以生活得很好。你甚至应该感谢他，感谢他让你对爱情有了进一步的了解，感谢他让你在爱情面前变得更加成熟，感谢他给了你一次重新选择的机会，他的背叛，或许正预示着你将迎接一个更美丽的未来。

不能爱了，就不要一直怀念

只要真心爱过，分手对于每个人而言都是痛苦的。不同的是，聪明的人会透过痛苦看本质，从痛苦中挣脱出来，笑对新的生活；愚蠢的人则一直沉溺在痛苦之中，抱着回忆过日子，从此再不见笑容……

小菲失恋了，她没有大把的金钱去欧洲旅游散心，于是便躲进了自己的世界里。不上班的时候，她就一直蜷缩在自己的房间里，抱着抱枕发呆，鼻子上危险地架着不断下滑的眼镜，床上到处扔着擦过鼻涕的纸巾。

她的情绪一直起伏不定，心里一直想着那个离她而去的男人，几乎时时刻刻。她想着在一起时他的温柔与体贴，想到自己从心里笑出来；也会想到他的坏脾气和大男子主义，想到自己的心打了几个结。她甚至有意地不让自己面带笑容，她觉得失恋应该是痛苦的，无法快速摆脱的。

有时清早醒来，她会告诉自己没有什么大不了的，一个人也可以生活得很好，甚至觉得应该再找一个男人恋爱了。可是一转眼，她就开始回忆起过去的点点滴滴，心一次又一次地纠在一起，疼痛，无以复加。

在小菲看来，自己与他还有些千丝万缕的关联。她极端地怀念已经逝去的爱情，虽然那只是残破的浸满泪珠子的回忆。在小菲的世界里，任何风景都变得悲伤起来。节日里，她觉得唯独自己是个悲伤的小角色，听着撕心裂肺的歌曲，脚步拖沓地走在马路上，行尸走肉一般没有任何表情，只有皱起的眉头和水汪汪的眼珠子配合着寒冷的天气透着忧郁。

爱情面前，不要轻易说放弃，但放弃了，就不要再介怀。经不起考验的爱情是不深刻的。爱情里，爱的不仅仅是对方，还有自己。对不珍惜你的人，不需要由他（她）说对不起，你要主动说"对不起"，潜台词是——拜拜！

不爱了就不要一直怀念，纠缠不休，哭着喊着不肯离去的人最卑微。甚至更过分的，有的人还会去毁掉自己的旧恋人——我爱不成你，怎能让别人去爱？那种阴暗的心理昭然若揭，虽然是少数，但总够触目惊心。

爱不要爱得迷失，更不要爱得极端。不能爱了，就把他当作窗前吹过的一阵风，就把他当作驿路上经过的一棵树，就把他看成你生命里的过客，如果可以，送上一点祝福，念一句"只要你过得比我好"。

打开双手，世界就在你手中

人活着，会有许多羁绊和许多欲望，这些东西要是放下了，人就会变得很轻松，如果总是背着，最终有可能累死在路上。生活原本是非常纯朴、简单的，学会舍弃自己不特别需要、对人生益处不大的东西，学会放手，保持一颗简单和明朗的心，你会觉得其实生活真的很美好。

人，正因为不懂得舍弃才会有许多痛苦。当自己有了舍弃和清理自己的智慧时，就会豁然开朗，生命会马上向你展现出另外一个截然不同的景致。

雪儿因为她爱的人娶了别人而一病不起，家人用尽各种办法都无济于事，眼看她一天天地消瘦下去，家人、朋友真是看在眼里，急在心里。

后来，她的妈妈便带她去看了心理医生。心理医生很快便找到了病情的症结，于是耐心开导她："其实喜欢一个人，并不一定要和他在一起，虽然有人常说'不在乎天长地久，只在乎曾经拥有'，但是并不是所有拥有的人都感觉到快乐。喜欢一个人，最重要的是让他快乐，如果你和他在一起他不快乐，那么就勇敢地放手吧！"

的确如此，喜欢一个人，就要让他（她）快乐、让他幸福，使那份感情更诚挚。在心理医生的耐心开导下，雪儿变得开朗了，也不再郁郁寡欢，而她的病也一下子就好了。

有些女孩常如此抱怨："我很爱我的男朋友，为了他我愿意放弃任何东西，他喜欢的我都会去做，他不喜欢的我就不去做。我对他简直是好得不能再好，可他不是很爱我。我也觉得这样太没自我了，可是我真的无法想象自己离开他的日子，我觉得自己会死的，我总想有一天他也会很爱我的。"

当一个人因爱情迷失自我时，就放弃了得到认可和尊重的权利。经营婚姻和爱情，就像手握沙子，握得越牢，越容易流失。很多人为了经营爱情，放弃了很多，甚至放弃了事业，竭尽全力想抓牢这份爱，但终究失败了。一个人如果把自己的感情全部寄托在别人身上，舍弃了自尊、自我价值，幸福生活就没有保障。

《卧虎藏龙》里有一句很经典的话：当你紧握双手，里面什么也没有；当你打开双手，世界就在你手中。紧握双手，肯定是什么也没有，打开双手，至少还有希望。很多时候，我们都应该懂得放弃，放弃才会使自己身心愉快，才会使自己获得快乐！

有的时候路走错了，如果你毫无意识地继续走下去，那么你将会离目标越来越远，这个时候能够停下来就是进步。

告诉自己，离开你是他的损失

爱情是两个原本不同的个体相互了解、相互认知、相互磨合的过程。磨合得好，自然是恩爱一生，磨合得不好，便免不了要劳燕分飞。当一段爱情画上句号，不要因为彼此习惯而离不开，抬头看看，云彩依然那般美丽，生活依旧那般美好。其实，除了爱情，还有很多东西值得我们为之奋斗。

放下心中的纠结你会发现，原本我们以为不可失去的人，其实并不是不可失去。你今天流干了眼泪，明天自会有人来逗你欢笑。你为他（她）伤心欲绝，他（她）却与别人你侬我侬，自得其乐，对于一个已不爱你的人，你为他（她）百般痛苦可否值得？

一个失恋的女孩在公园中哭泣。

一位老者路过，轻声问她："你怎么啦？为什么哭得这样伤心？"

女孩回答："我好难过，为何他要离我而去？"

不料老者却哈哈大笑，并说："你真笨！"

女孩非常生气："你怎么能这样，我失恋了，已经很难过，你不安慰我就算了，还骂我！"

老者回答说："傻瓜，这根本就不用难过啊，真正该难过的应是他！要知道，你只是失去了一个不爱你的人，而他却是失去了一个爱他的人及爱人的能力。"

是的，离开你是他的损失，你只是失去了一个不爱你的人，离开一个不爱你的人，难道你真的就活不下去了吗？不，这个世界上没有谁离不开谁，离开他你一样可以活得很精彩。请相信缘分，不久的将来，你一定可以找到一个比他更好，更懂得珍惜你的人。是的，与其怀念过去，不如好好把握将来，要相信缘分，未来你可能会遇到比他更好的、更懂得珍惜你的人！

有些事，有些人，或许只能够作为回忆，永远不能够成为将来！感情的事该放下就放下，你要不停地告诉自己——离开你，是他的损失！

肖艳艳一直困扰在一段剪不断、理还乱的感情里出不来。

吴清的态度总是若即若离，其人也像神龙一样，见首不见尾。

第二章 情感自愈力：
人为情感所支配，行为便没有自主之权，而受命运的宰割

肖艳艳想打电话给他，可是又怕接的人会是他的女朋友，会因此给他造成麻烦。肖艳艳不想失去他，可是老是这样，有时自己也会觉得很无奈，她常常问自己："我真的离不开他吗？""是的，我不能忘记他，即使只做地下情人也好。只要能看到他，只要他还爱我就好。"她回答自己。

但是该来的还是会来。周一的下午，在咖啡屋里，他们又见面了。吴清把咖啡搅来搅去，一副心事重重的样子。肖艳艳一直很安静地坐在对面看着他，她的眼神很纯净。咖啡早已冰凉，可是谁都没有喝一口。

他抬起头，勉强笑了笑，问："你为什么不说话？"

"我在等你说。"肖艳艳淡淡地说。

"我想说对不起，我们还是分开吧。"他艰涩地说，"你知道，我这次的升职对我来说很重要，而她父亲一直暗示我，只要我们近期结婚，经理的位子就是我的。所以……"

"知道了。"肖艳艳心里也为自己的平静感到吃惊。

他看着她的反应，先是迷惑，接着仿佛恍然大悟了，忙试着安慰说："其实，在我心里，你才是我的最爱。"

肖艳艳还是淡淡地笑了一下，转身离开了。

一个人走在春日的阳光下，空气中到处是春天的味道，有柳树的清香，小草的芬芳。肖艳艳想："世界如此美好，可是我却失恋了。"这时，那一种刺痛突然在心底弥漫。肖艳艳有种想流泪的感觉，她仰起头，不让泪水夺眶。

走累了，肖艳艳坐在街心花园的长椅上。旁边有一对母女，小女孩眼睛大大的，小脸红扑扑的。她们的对话吸引了肖艳艳。

"妈妈，你说友情重要还是半块橡皮重要。"

"当然是友情重要了。"

"那为什么月月为了想要萌萌的半块橡皮，就答应她以后不再和我做好朋友了呢？"

"哦，是这样啊。难怪你最近不高兴。孩子，你应该这样想，如果她是真心和你做朋友就不会为任何东西放弃友谊，如果她会轻易放弃友谊，那这种友情也就没有什么值得珍惜的了。"母亲轻轻地说。

"孩子，知道什么样的花能引来蜜蜂和蝴蝶吗。"

"知道，是很美丽很香的花。"

"对了，人也一样，你只要加强自身的修养，又博学多才。当你像一朵很美的花时，就会吸引到很多人和你做朋友。所以，放弃你是她的损失，不是你的。"

"是啊，为了升职放弃的爱情也没有什么值得留恋的。如果我是美丽的花，放弃我是他的损失。"肖艳艳的心情突然开朗起来了。

若是一个人为名利前途而放弃你们之间的感情，你是不是应该感到庆幸呢？很显然，这样的人不值得你去爱。

对不爱自己的人，最需要的是理解、放手和祝福

缘聚缘散总无强求之理。世间人，分分合合，合合分分谁能预料？该走的还是会走，该留的还是会留。一切随缘吧！

爱情全仗缘分，缘来缘去，不一定需要追究谁对谁错。爱与不爱又有谁可以说得清？当爱着的时候只管尽情地去爱，当爱失去的时候，就潇洒地挥一挥手吧，人生短短几十年而已，自己的命运把握在自己手中，没必要在乎得与失，拥有与放弃，热恋与分离。

失恋之后，如果能把诅咒与怨恨都放下，就会懂得真正的爱。虽然在偶尔的情景下依然不免酸楚、心痛。

卢梭 11 岁时，在舅父家遇到了刚好大他 11 岁的德·菲尔松小姐，她虽然不很漂亮，但她身上特有的那种成熟女孩的清纯和靓丽还是将卢梭深深地吸引住了。她似乎对卢梭也很感兴趣。很快，两人便轰轰烈烈地像大人般恋爱起来。但不久卢梭就发现，她对他的好只不过是为了激起另一个她偷偷爱着的男友的醋意——用卢梭的话说"只不过是为了掩盖一些其他的勾当"，他年少而又过早成熟的

心便充满了一种无法比拟的气愤与怨恨。

他发誓永不再见这个负心的女子。可是，20年后，已享有极高声誉的卢梭回故里看望父亲，在波光潋滟的湖面上游玩时，他竟不期然地看到了离他们不远的一条船上的菲尔松小姐，她衣着简朴，面容憔悴。卢梭想了想，还是让人悄悄地把船划开了。他写道："虽然这是一个相当好的复仇机会，但我还是觉得不该和一个30多岁的女人算20年前的旧账。"

爱过之后才知爱情本无对与错、是与非，快乐与悲伤会携手和你同行，直至你的生命结束！卢梭在遭到自己最爱的人无情愚弄后的悲愤与怨恨可想而知，但是重逢之际，当初那种火山般喷涌的愤怒与报复欲未曾复燃，而是选择了悄悄走开，这恰好说明世上千般情，唯有爱最难说得清。

如果把人生比作一棵枝繁叶茂的大树，那么爱情仅仅是树上的一颗果实，爱情受到了挫折、遭受到了一次失败，并不等于人生奋斗全部失败。世界上有很多在爱情生活方面不幸的人，却成了千古不朽的伟人。因此，对失恋者来说，对待爱情要学会放弃，毕竟一段过去不能代表永远，一次爱情不能代表永生。

聚散随缘，去除执着心，一切恩怨都将在随水的流逝中淡去。那些深刻的记忆也终会被时间的脚步踏平，过去的就让它过去好了，未来的才是我们该企盼的。

第二章　情感自愈力：
人为情感所支配，行为便没有自主之权，而受命运的宰割

如果不能留住，就大度地成全

　　大千世界，沧海桑田，一切都在变，感情自然也不能幸免。当一段感情逝去了，当你爱的人渐渐远离，不知你可曾想过，接下来我们要怎样做？

　　在情感的世界中，我们可以失去爱情，但记得要留下风度。

　　事实上，在情感的世界中，并没有绝对的对与错，他爱你时是真的很爱你，他不爱你时是真的没有办法假装爱你。毕竟你们真的爱过，所以分手时为何不能选择很有风度地离开？

　　不要为背叛流眼泪，在感情的世界中眼泪从来都只属于弱者。他若是爱你，怎会舍得让你流泪？他若是不再爱你，即便是泪水流尽亦于事无补。

　　缘分这东西冥冥中自有注定，如果你们错过，那只能说明你们不是彼此一生的归宿，他或许只是你在寻找一生爱情上的一次尝试。如果你自认是生活上的强者，那么不如洒脱地离开，既然曾经深爱，就不要再彼此伤害。

　　谢慧是一位医生，在北京一家很有名望的医院工作。丈夫展鹏

是一家工程公司的老总,每天忙得不可开交,马不停蹄地在各地跑来跑去。两人见面的时间很少,只是在周末聚一聚。

一次,谢慧和展鹏偶然间在医院的急诊室相遇。展鹏向妻子解释说:"我带一个女孩来看病,她是我单位的员工,由于工作劳累过度晕倒了。"谢慧看了那女孩一眼,女孩看上去比展鹏小很多,脸上带着点野性。谢慧心里有一种说不出来的感受。

她便偷偷地到丈夫工作的公司去打探。大家都说从来没有见过像她所描述的这样一个女孩。

谢慧听后,立即像失去重心一样。回来后,她给丈夫打了电话,说她已出差到了外地,要一个月以后才回去。

接着她便到丈夫的公司附近蹲守。

蹲守的结果证明,那女孩已经与展鹏同居很久了。怎么办?是离婚还是抗争?谢慧陷入了极度痛苦的深渊。

那个晚上,她坐公共汽车回家。

车开得很慢,司机好像很懂谢慧的心情。车上只有三个乘客,另外两个乘客在给亲人打电话,脸上洋溢着幸福的表情。谢慧痛苦地闭上眼睛,回想起摊放在桌上半年多的《离婚协议书》。

突然有人叫她,是那位司机在跟她说话——"妹妹,你有心事?"

谢慧没有回答。

"我一猜您就是为了婚姻,"谢慧的脸色微微地有点冷暗,可司机却当没看见一样继续说,"我也离过婚。"

第二章 情感自愈力：
人为情感所支配，行为便没有自主之权，而受命运的宰割

谢慧眼睛微微一亮，便竖起耳朵细心倾听起来。

"我和妻子离婚了。"谢慧的心不由一紧。"她上个月已经同那个男人结婚了，他比她大4岁，做翻译工作，结过婚，但没孩子。听说，他前妻是得病死的。他性格挺好的，什么事都顺着我前妻，不像我性子又急又犟，他们在一块儿挺合适的。"

谢慧觉得这个司机很不寻常。

"妹妹，现在社会开放了，离婚不是什么丢人的事，你不要觉得在亲友中抬不起头。我可以告诉你，我的妻子不是那种胡来的人，她和那个男人在大学里相爱四年，后来那个男人去了国外，两人才分手。那个男人在国外结了婚，后来妻子死了，他一个人在国外很孤独，就回来了。他们在同学聚会上见了面，这一见就分不开了。我开始也恨，恨得咬牙切齿。可看到他们战战兢兢、如履薄冰地爱着，我心软了，就放他们一条生路……"

谢慧的眼睛有些湿润了，她想起丈夫写给她的那封信：

我没有想到会在茫茫人海中与她邂逅。在你面前，我不想隐瞒她是一个比我小很多的女人。我是在一万米的高空遇见她的，当时她刚刚失恋。我们谈了几句话之后，她就坦诚地告诉我她是个不好的女孩，后来我知道她和我生活在同一座城市，我不知为什么，从那一天起，心里就放不下她。后来我们频频约会，后来我决定爱她，照顾她一生。因为她，我甚至想放弃一切……

车到家了，谢慧慢慢地走上楼。第二天她很平静地在《离婚协议书》上签了字。

当你所面临的是这种婚外萌发的真情时，这种真爱就如生长在荆棘丛中的一株野花，在临近深秋时绽开。虽然它开得不是地方，不合时节，但毕竟已在凉凉的秋风中战栗地开放。你又何须一脚将其踏死？即使这样你也会付出惨重的代价。这时，不如退后一步，像一首歌中唱的那样：人生没有翻不过的山，没有蹚不过的河，更没有过不去的坎儿。

第三章　心灵自愈力：

你的心灵常常是战场，在这个战场上，理性与非理性一再鏖战

　　人类高度进化的自我意识在帮助我们能动地改造世界的同时，也为我们带来相应的麻烦，那就是自我意识与世界的分裂，以及由此而产生的各种困扰。

　　自愈力，就是要整合这种分裂，帮助心灵重返自然而然的原本状态，自愈力无须外部强加的任何力量，因为真正治好心灵的是心灵自己。

1. 幸福，不在于物质，而在于心态

你最大的敌人，永远是你自己。命运在一定程度上，取决于本人的心态，所有来自外界的打击，都只能对你造成一时的不利；心态的失衡，才能对你造成致命的打击。所以，永远不要把事情想象得那么糟。也许明天早晨它就会有转机。

心态决定着一个人的命运和前途

人的心态会随着环境的变化，自然形成积极的和消极两种状态。思想与任何一种心态结合，都会形成一种"磁性"力量，这种力量能吸引其他类似的或相关的思想。积极的心态，能够激发起我们自身的所有聪明才智；而消极的心态，就像蜘蛛网缠住昆虫的翅膀、脚足一样，束缚我们的才华。

在一个小县城里，有姐弟俩非常聪明，他们上小学时，因为学

习刻苦，在班里一向都是好学生。但天有不测风云，还没有等到小学毕业，父母之间就出现了感情危机。姐弟俩经常被吓得不敢回家。后来，父母离婚了，姐弟俩都判给了父亲。不久，父亲就领回了一个女人。自从那个女人进门，姐弟俩经常被呼来喝去，有时甚至吃不上饭。有一次，后娘让弟弟倒脏水，姐姐看弟弟拎不动水桶就想去帮忙，后娘上去就是一巴掌，把姐姐打倒在地。吃饭时，后娘经常在菜里放很多辣椒，辣得姐弟俩直流眼泪。有一次，天气很冷，姐弟俩放学后一直等到天黑都进不了家门。邻居实在看不下去了，让他俩先到屋里暖和一下，可姐弟俩说什么都不敢去。就是在这种环境下，姐姐学会了和后娘作对，学习成绩也慢慢地滑了下来，大学没考上，只好当了一名工人。而弟弟却一直没有放弃自己的学业，有一次，父亲把一个橘子放在他的桌子上，他都没有看见，过了很久父亲偶尔进了他的房间才发现那个橘子已经腐烂了。从小学到高中，他的成绩一直都没有下到过第三名，并且一直都是班干部，在班里的人缘也一直很好。高中毕业后他以优异的成绩考入大学，并被保送研究生。读大学期间，他用自己挣来的钱供养生母，还时常寄一些补品给后娘。

同样是一个父母所生，同样生活在家庭不幸的阴影里，姐姐的前途被毁了，弟弟的前途却一片光明。原因在哪儿？就在心态。姐姐在困境中，心态变得脆弱而易怒，弟弟却能隐忍，始终以一个目标为奋斗方向，把其他的一切都抛在脑后，并且随着年龄的增长，学会了宽容和谅解。

你的胸怀有多大，你的前途就有多大。做人，要有一种隐忍、宽容和不断进取的心态，否则你的前途就将毁在自己手里。

可见，心态上的消极因素占主导地位时，会给一个人的行动造成多大的影响！做任何事都不能太情绪化，特别是年轻人，因为年轻气盛，许多人都容易暴躁而难以自制。但年轻正是一个人可以大有作为、前途一片光明的时候，如果你不能很好把握自己的心态，光明的前途就将与你无缘。

心态不好，智商再高也没用

一个具有高智商的人未必就能完全掌控自己的命运，没有良好的心态做辅助，智商再高的人也只会受到生活的嘲弄。

山城有一家纺织厂因经济效益不好，决定让一批人下岗。在这一批下岗人员里有两位女性，她们都40岁左右，一位是大学毕业生，工厂的工程师，另一位则是普通女工。就智商而论，这位工程师的智商无疑超过了那位普通工人，然而，在下岗这件事上，她们的心态却大不一样，而正是这种不同的心态决定了她们以后不同的命运。

女工程师下岗了！这成了全厂的一个热门话题，人们议论着、嘀咕着。女工程师对人生的这一变化深怀怨恨。她愤怒过、骂过、也吵过，但都无济于事。因为下岗人员的数目还在不断增加，别的工程师也下岗了。尽管如此，她的心里不平衡，始终觉得下岗是一件丢人的事。她整天都闷闷不乐地待在家里，不愿出门见人，更没想到要重新开始自己的人生，孤独而忧郁的心态抑制了她的一切，包括她的智商。她本来就血压高，身体弱，再加上下岗的打击，没过多久，她就被忧郁的心态打败，孤寂地离开了人世。

而那位普通女工的心态却大不一样，她很快就从下岗的阴影里解脱了出来。她想别人下岗能生活下去，自己也能生活下去。她平心静气地接受了现实，并在亲戚朋友的支持下开起了一个小小的火锅店。由于她经营有方，火锅店生意十分红火，仅一年多，她就还清了借款。现在，火锅店的规模已扩大了几倍，成了山城里小有名气的餐馆，她自己也过上了比在工厂时更好的生活。

一个是智商高的工程师，一个是智商一般的普通女工，她们都曾面临着同样的困境——下岗，但为什么她们的命运却迥然不同呢？原因就在于她们各自的心态不同。

女工程师的心态始终处在忧郁之中，这样的心态使得她对自己的人生不可能作出一个理智的评价，更不可能重新扬起生活的风帆。她完完全全沉溺在自己的不幸之中。一个人一旦拥有了这样的心态，其智商就犹如明亮的镜子蒙上了一层厚厚的灰尘，根本就不可能映照万物。所以，尽管女工程师的智商高，但在面对生活的变化时，她的心态却阻碍了智商的发挥。不仅如此，她的心态还把她引向了毁灭。而普通女工的智商虽然一般，但她平和的心态不仅使自己的智商得到了淋漓尽致地发挥，而且还使其以后的生活更加幸福。

正如西方一位心理学家所说：心态是横在人生之路上的双向门，人们可以把它转到一边，进入成功；也可以把它转到另一边，进入失败。所以，智商高不如心态好，只有好的心态才能调动智商向着成功的方向迈进。

幸福取决于心态，而不是物质

幸福是一种内心的满足感，是一种难以形容的甜美感受。它与金钱地位都无关，你拥有良好的心态，就可以触摸到它。

一个充满忌妒的人是不可能体会到幸福的，因为他的不幸和别人的幸福都会使他自己万分难受；

一个虚荣心极强的人是不可能体会到幸福的，因为他始终在满足别人的感受，从来不考虑真实的自我；

一个贪婪的人是不可能体会到幸福的，因为他的心灵一直都在追求，而根本不会去感受。

幸福是不能用金钱来衡量的，它与单纯的享乐格格不入。比如你正在大学读书，每月只有七八十元钱，生活相当清苦，但却十分幸福。过来人都知道，同学之间时常小聚，一瓶二锅头、一盘花生米、半斤猪头肉，就会有说有笑，彼此交流读书心得，畅谈理想抱负，那种幸福之感至今仍刻骨铭心，让人心驰神往。昔日的那种幸福，今天无论花多少钱都难以获得。

一群西装革履的人吃完鱼翅鲍鱼笑眯眯地从五星级酒店里走出来时，他们的感觉可能是幸福的。而一群外地民工在路旁的小店里，就着几碟小菜，喝着啤酒，说说笑笑，你能说他们不幸福吗？

因此，幸福不能用金钱的多少去衡量，一个人很有钱，但不见得很幸福。因为，他或者正担心别人会暗地里算计他或者为取得更多的钱而处心积虑，许多人都在追求金钱，认为有了钱就可以得到一切，那只是傻子的想法。

其实，幸福并不仅仅是某种欲望的满足，有时欲望满足之后，体验到的反而是空虚和无聊，而内心没有忌妒、虚荣和贪婪，才可能体验到真正的幸福。湖北的一个小县城里，有这样一家人，父母都老了，他们有三个女儿，只有大女儿大学毕业有了工作，其余的两个女儿还都在上高中，家里除了大女儿的生活费可以自理外，其余人的生活压力都落在了父亲肩上。但这一家人每个人的感觉都是快乐的。晚饭后，两个女儿都去了学校上自习。她们不用担心家里的任何事。父母则一同出去散步，和邻居们拉家常。到了节日，一家人团聚到一块，更是其乐融融。家里时常会传出孩子们的打闹声、笑声，邻居们都羡慕地说："你们家的几个闺女真听话，学习又好。"这时父母的眼里就满是幸福的笑。其实，在这个家里，经济负担很重，两个女儿马上就要考大学，需要一笔很大的开支。家里又没有一个男孩子做顶梁柱，但女儿们却能给父母带来快乐，也很孝敬。父母也为女儿们撑起了一片天空，让她们在飞出家门之前不会感受到任何凄风冷雨。所以，他们每个人都是快乐和幸福的。"月有阴晴圆缺，人有悲欢离合，此事古难全。"既然"古难全"，为什么你不去想一想让自己快乐的事，而去想那些不快乐的事呢？一个人是否感觉幸福，关键在于自己的心态。

法国雕塑家罗丹说过："对于我们的眼睛，不是缺少美，而是缺少发现。"生活里有着许许多多的美好、许许多多的快乐，关键在于你能不能发现它。

如果今天早上你起床时身体健康，没有疾病，那么你比其他几百万人更幸运，他们甚至看不到下周的太阳了；

如果你从未尝试过战争的危险、牢狱的孤独、酷刑的折磨和饥饿的滋味，那么你的处境比其他五亿人更好；

如果你能随便进出教堂或寺庙而没有被恐吓、暴行和杀害的危险，那么你比其他三十亿人更有运气；

如果你银行里有存款，钱包里有票子，盒里有零钱，那么你属于世上百分之八最幸运之人；

如果你父母双全，没有离异，且同时满足上面的这些条件，那么你的确是那种很稀有的地球人。

所以，去工作而不要以挣钱为目的；

去爱而忘记所有别人对你的不是；

去跳舞而不管是否有他人关注；

去唱歌而不要想着有人在听；

去生活就想这世界便是天堂。

这样，你就会发现生活中，其实你也很幸福！

第三章　心灵自愈力：
你的心灵常常是战场，在这个战场上，理性与非理性一再鏖战

心态沉稳，才能做出正确判断

决策对于人生而言，意味着一个重大转折，一步走错就会满盘皆输。因此，在决策过程中，你一定要有一个平稳的心态，这样才能冷静地分析利弊，做出最好的决策。

杰克·韦尔奇大概是世界上最受称道的首席执行官，担任通用电气公司董事长兼首席执行官长达 17 年的韦尔奇，亲手为美国企业界的重组描绘了一张极具价值的蓝图。

20 世纪 80 年代，美国遇到了制约全美企业业务发展的致命敌人——通货膨胀。通货膨胀使那些二流产品与服务供应商的生意难以为继。

通用电气要求各业务部门主管都思考一个问题：怎样做才能在市场上占据统治地位。随后他们必须做出果断的决策：哪些业务值得培育，哪些应该放弃。韦尔奇的策略并没有取得通用电气执行官们的共识，他们认为没有必要仅仅由于一项业务处于该领域第三或第四的位置就放弃。然而他们的抱怨不能改变杰克·韦尔奇的决策。就这样，韦尔奇在短短的 5 年间砍掉了 25% 的企业，裁减了十多万个工作岗位。

从 1985 年到 1990 年，韦尔奇把公司的行政人员从 1700 人减少到 1000 人左右。在韦尔奇担任 GE 最高负责人之前，公司的大多数企业负责人要向一个群部负责人汇报工作，群部负责人又向高一级部门负责人汇报，直至公司最高负责人。而且，每一级都有自己的一套班子，负责财务、推销计划以及检查每一个企业的情况。韦尔奇解散了这些"群"和"部"，消除了组织上的障碍。现在，企业负责人与业务最高负责人办公室之间没有任何阻隔，可以直接沟通。

他觉得有必要减少现有的管理层次，以促使高级管理人员最大限度地发挥其潜能。他称这项策略行动为"减少层次"，旨在创立一种不拘泥于形式的、开放的组织机构。

经过裁员以后，公司行政班子的干预大大减少。过去，企业每月都向总部提出一份财务报告——尽管没有任何人使用它。现在公司财务主任丹尼斯·戴默曼让各企业把两个月的数字留在他们自己手里，他的财务班子把更多的精力用于改进"影响最终结果的事情"，如存货、应收账款、现金流动状况等。财务班子不再是整天死盯着小数点，而是用更多的时间来评估可能做成的生意。

杰克·韦尔奇的善于进取，积极行动，不屈服于压力和不满足于现状的积极心态成就了他无人可以与之匹敌的首席执行官的位置，他用非凡的意志和毅力造就了今日的通用。

在决策过程中，也许男人的优势更大，但也有不少女性以她们积极创新的思维模式，果敢、稳重的心态特征成就了自己的伟大事业，化妆品行业的佼佼者靳羽西就是其中一员。

靳羽西在美国当电视节目主持人的时候，使用了许多世界著名品牌的护肤品及化妆品，但她觉得要靠这些东西使自己真正漂亮起来非常困难，必须经过精挑细选、仔细搭配。而在中国这个已经开放了的国家，年轻的女孩子们却不知如何把自己真正打扮得漂亮起来，而且那些著名品牌的护肤品及化妆品的价格也非常高，超出了大多数中国人的消费能力，中老年女性也找不到能使自己漂亮起来的东西。靳羽西说："在我自己一次次失败的尝试之后，当时我只是想为亚洲女性配制一些能将她们的特点发挥出来的产品。这些产品既可以快速配色，使用起来也很方便，价格也符合中国内地的消费层次。在销售这些产品的同时还可以指导她们如何使用这些产品，让她们建立独一无二的美的自信。"一切看起来都很偶然，似乎充满了随意性，靳羽西是在一种良好愿望的促使下无意中发现了这个良好的市场空间中存在的商机，没有人知道最后的结局是什么？开始的一段时间里，事情并不顺利，因为靳羽西不像许多成功的商人一样有多年的从商经验，甚至可以说她从来就不曾是个商人。

她不断在美国和中国、研究所和市场间奔波，不断调查、分析、研究，甚至在自己脸上做试验，她在中国的知名度和良好的个人形象对她的生意非常有帮助，很快，她的羽西品牌在中国内地就已经像她本人一样家喻户晓了。靳羽西大胆的决策成功了，她的化妆品在中国赢得了广泛的市场。

良好的心态对于决策者来说是极其重要的，一丝慌乱、急躁都可能造成决策的失误，因此一个成功的决策者也一定是一个心态沉稳的楷模。

心态好的人，更容易收获爱情

有人说爱情毫无理性可言，爱情中没有任何可以把握的必然因素。其实并不是这样的，如果你能用一种更宽容、更坚定的心态面对爱情，爱情就一定会偏爱于你。

在爱情面前，你不可存在任何消极心态。否则，你永远都得不到真正的爱情，你一定要站在爱人的立场上去想问题，为对方的幸福付出你的真情。因为爱情的花朵是稚嫩的，它的美丽需要两个人的精心呵护。任何人性的消极心态都会让它变得枯萎。

人作为地球上最高等的动物，贪欲可能也是最大的，明明幸福就握在手上，却不着边际地遐想，可能还有更好的，于是便放弃已握在手里的幸福，去追求虚无缥缈的幸福。我们必须要记住：最爱就是最好。

小平与女友小尹交往了一段时间，他感觉自己已找到了一株能温馨生命的芳草，于是便郑重地向亲朋好友宣告自己要结婚了。

不料，这时许多人站了出来，严肃而郑重地对他说，婚姻可是关系一辈子的事，你怎么可以刚交第一个就仓促地下结论，应该进行多项选择，挑选最好的。你呀……那最后一声无限惋惜又无可奈何的长叹，似乎确认他这个执迷不悟的"情痴"日后定将后悔。

但是，小平没有听信这些，因为他从一位朋友身上得到了一些启示。小平的一位朋友，谈了不下一打的女朋友，至今仍在苦苦寻觅，说一定要找一个最好的。但是五年过去了，他至今仍是孑然一身。

因此，小平决定，在婚恋问题上，自己"不求最好！"

他认为，不求最好，才能真心实意深爱一个人，如果成天向自己的恋人表白自己爱得如何深，而脑子里却时刻幻想着一天在某个地点与一个更美妙的女子邂逅，这种爱能称其为爱吗？不过是一粒干瘪的种子，永远不会得到爱的土壤。

不求最好，才能平静而坦然地接受所爱的人。这种爱，平淡但深沉，虽承认不是最好，可仍然去爱，这本身不就体现出爱的质朴与纯洁吗？不求最好，也是一种淡泊宁静的心态，宁静方能致远；这种心态中包含的爱才会伴你走过一生的风雨。

改变不良心态，就是在改变糟糕的命运

命运是可以改变的，因为它取决于你的心态，如果你能正视自我，并改变那些不良的心态，那么你的命运也会随之改变。

知道了自己的错误，勇于承认并毫不犹豫地改掉它，这是一件比较困难的事。英雄豪杰之所以是英雄豪杰，圣贤之所以是圣贤，就是在这一点上有过人之处。

明代的时候，有一个著名的人物，叫袁了凡。

袁年少时曾在一个名叫慈云寺的寺庙里遇上了一位姓孔的老人。老人长须飘然，仙风道骨，长得超凡脱俗。经过一番交流之后，袁就把老者请到了自己家中。

母亲说："好好接待孔先生，让他给你算一算命，看灵不灵。"结果，孔先生算他以前的事情丝毫不差。

孔先生告诉他："你明年去考秀才，要经过好几次考试。先要经过县考，县考时，你考中第十四名；县上面有府，府考时，你考中第七十一名；府上面有省，省考时，你考中第九名。"第二年，他去参加考试，果然没有错，孔先生算准了。

于是，袁又让孔先生为他推算终身的命运。孔先生告诉他："你某年应考第几名，某年可以廪生补缺，某年可以当贡生。当贡生后，某年又会去四川一个大县当县令，三年半后，便回到家乡。在53岁这一年的八月十日丑时，你将寿终正寝，可惜终身无子。"袁了凡将这一切都详详细细地记录下来，并且铭记在心。

令人称奇的是，自第二年后每次考试的名次都与孔先生所算一致。

从此以后，袁真的明白了，一个人一生的吉凶祸福、生老病死、贫富贵贱，都是上天安排好了的，不能强求。命里没有的，怎么动脑筋、怎么努力都得不到；命里有的，不用多想、也不用怎么努力，自然就会有。于是，他认命了，无求、无得、无失，心里真正地平静了下来。

他当了贡生以后，在北京住了一年，终日静坐，毫无想法，也不读书写字，真可谓心如止水。因为他知道了自己的命运，想也没用，所以他什么都不想了。

一年，袁回到南方，去朝廷所办的大学——南京的国子监游学。入学之前，他到南京栖霞山拜访了著名的云谷禅师。他与云谷禅师在禅堂里对坐，三天三夜都没合眼，依然精神饱满。云谷禅师暗暗称奇，心想：如此年轻之人，怎么会有这么高深的定力呢？真是难得！难得！

于是，云谷禅师问道："凡夫之所以不能成为圣人，是因为心中有杂念和妄想。你坐在这里三天三夜，我没有看到你有一个妄念。这是什么原因呢？"

袁回答道："因为我已经知道了自己的命运。二十年前，有一位姓孔的先生早就算定了，我一生的吉凶祸福、生老病死都是注定的，还有什么好想的呢？想也没有用，所以干脆就不想了。"

云谷禅师笑了笑，说道："我还以为你是一位定力高深的豪杰，原来也只是一个凡夫俗子。"

袁向云谷禅师请教："此话怎讲呢？"

云谷禅师说："人的命运为什么会被注定呢？这是因为人有心、有妄想。人如果没有了心、没有了妄想，命运就不会被注定。你三天三夜不合眼，我以为你抛开了妄想，没想到你仍有妄想，这妄想就是——你什么都不想了。"

袁问道："既然如此，那么按照你的说法，难道命运可以改变吗？"

云谷禅师说道："儒家经典《诗经》和《尚书》里都说过这样一句话——命由我作，福自己求。这的确是至理名言。任何人的命运都是由自己的心态决定的，人的幸福也全看自己怎样去追求。佛家经典中也说：求富贵得富贵，求男女得男女，求长寿得长寿。妄语是佛家的根本大戒，佛难道还会妄语吗？难道还会欺骗你吗？"

袁进一步向云谷禅师请教："孟子说：'有所求，然后才能有所得。'其意思的确是指求在自己。但是，孟子的话是针对一个人的道德修养而言，人的道德修养无疑可以通过自身的培养而获得，而功名富贵是身外之物，难道通过内在的修身养性也可以获得吗？"

云谷禅师说："孟子的话没有说错，是你自己理解错了。你理解对了一半，另一半你还不知道。其实，除道德修养可以通过内心求得之外，任何一切也都可以求得。你难道没有听过六祖说的这样一句话吗？'一切福田，不离方寸，从心而觅，感无不通。'意思就是说，任何成功和幸福都离不开人的方寸之心，一切追求最终是否成功，都取决于人的心态。要追求一切，首先就必须从追求心灵开始。所以，孟子说的求在自己，不仅仅指道德修养，功名富贵也是如此。道德修养是内在自身的，功名富贵是外在的，但这两者的获得都应该从内心入手，而不要舍弃内心，盲目地在外面去追求。从内心入手，内外的追求都可以得到。如果不反躬内省，只一味地向外追逐，那么，尽管你拼命努力，用尽了许多方法和手段，但这一切都是外在的，内心没有觉悟，你就只能像无头苍蝇一样四处碰壁，最终毫

第三章　心灵自愈力：
你的心灵常常是战场，在这个战场上，理性与非理性一再鏖战

无结果。所以，一个人从外面去追求功名富贵，往往会内外两者都失掉。"

袁听完云谷禅师的话以后，豁然开朗。

云谷禅师告诉他说："孔先生说你不能登科，没有儿子，这是根据你的天性而算定的，这是天作之孽，完全可以通过内心的努力去改变它。只要你扩充自己的德性，改变自己的心态，多做善事，多积阴德，那么，你就能改变自己的命运。《易经》是一部高深的著作，中心思想就是教人趋吉避凶。如果说人的命运是注定的，又何须去趋吉避凶呢？"

听完云谷禅师的话以后，当天，他便改名为了凡，其含义是自己了解了安身立命之说，立志不走凡夫俗子之路，一定要改变自己的命运。从此以后，他整日小心谨慎，不敢让自己的行为越雷池半步。他的心态开始发生了变化。以前，他放纵自己的个性，言行随随便便，过一天算一天。而现在，他时刻警觉，不断反省检点自己的行为，即使一个人独处的时候，也常常感觉有一种无形的力量在注视着自己；遇到有人憎恨诽谤他，他也能安然容忍，内心相当平静，不像从前那样心浮气躁，一点点委屈都受不了。

第二年，礼部进行科举考试。孔先生算他该考第三名，他却考了第一名，孔先生的卦终于不灵验了。秋天的大考，他又考中了举人。孔先生算他命里不会中举，而他居然考中了。

从这以后，袁了凡便对命运变通之说深信不疑，时时刻刻检点反省自己：是否积善行德不勇敢？是否救人的时候常怀疑虑？是否自己的言论还有过失？是否清醒时能做到而醉后又放纵了自己？

改名以后，袁了凡便自己掌握了自己的命运：他有了儿子，取名天启；他不仅考中了举人，而且还考取了进士；孔先生说他命里本应去四川当知县，他后来却在天津宝坻当了知县，最后官至尚宝司少卿；孔先生算他的寿命只有五十三岁，他却一直活到七十四岁。

袁了凡的故事，证明了一个奇迹的出现，而大多数人不能实现这个奇迹是因为不能去除自己身上的人性弱点。

每个人的内心都有一些顽固的东西阻碍着自己潜能的发挥，像忌妒、猜疑、虚荣、刚愎、自卑、懦弱、贪婪、恐惧，等等。所以，我们在通往成功的路上不断克服外在困难的过程，实际上也就是一个不断释放潜能的过程，一个克服自己弱点、自己战胜自己的过程。

2. 纯朴者是何等有福，因为他们享受着极大的宁静

心静，是人生的一种境界，更是一种智慧、一种思考，是人生成功的必要成本。心静者拥有笑看风云的舒畅，拥有纹丝不动的超然。他们欲求甚少，不慕虚幻，故而心地常空，不为欲动，所以淡泊明志，宁静致远。无邪念来袭，展现人之本性。

不要拒绝生活的平淡，幸福就蕴藏其中

有的人说，在人的一生当中有5%是富有激情的，有5%是痛苦的，剩下的90%则是平淡的。我们总是为了这5%的激情，而忍受着这5%的痛苦，在90%的平淡中度过一生。

欲望是无尽的，特别是对于我们有限的一生来说，我们能够实现的欲望，实在是太少了。而对于大多数人来说，更多的时候生活

都是处于一种平淡的状态，而正是在这样平平淡淡的生活当中，才蕴含了我们苦苦追求的幸福。

但是，有太多的人总是过多地追逐欲望的视线，而忽视了平淡当中蕴藏的幸福，我们无言地承受着欲望给我们带来的痛苦，可是却忘记了上帝赐予我们人生的礼物——幸福。对于大多数人来说，平平淡淡就是幸福。幸福就在我们每一个人的身边，何须千山万水地去寻找呢？

有一天，巴菲特先生接受一家杂志的采访，他穿着卡其布的裤子、夹克，系着一条领带。"我专门为此打扮了一番的。"他有点不好意思地说道。

他的女儿苏珊曾经这样评价他说："有一天，我和妈妈去商场，说：'咱们给他买一套新西服吧……他穿了30年的衣服我们看都看烦了。'所以，我就给他买了一件驼绒的运动夹克，仅仅是为了让他有两件新衣服。但是，他让我把衣服退掉。他说：'我有一件驼绒的运动夹克和一件蓝色运动夹克了。'他说话的语气显然是非常的严肃，我不得不把衣服退掉。最后，我拿了一套衣服就出去了，他不知道。我甚至连衣服上的价格标签都没有看一眼。我在寻找一些穿着舒适且看起来样式有些保守的衣服。如果衣服的样子不是极端地保守，他也不会穿的。"

苏珊继续补充说："他不把衣服穿到非常破旧是不可能换的。"

当然，实际上没有人会在意，巴菲特工作的时候，穿的是晚礼服还是游泳衣。

偶尔的时候，巴菲特也会买一套西服。

第三章 心灵自愈力：
你的心灵常常是战场，在这个战场上，理性与非理性一再鏖战

其实，巴菲特的低预算风是人尽皆知的。《华盛顿晚报》的凯瑟琳曾经这样说起她的商业老师："他这个人非常地节俭，有一次在一家机场，我向他借一角硬币打个电话，他为把25美分的硬币换成零钱走出了好远。'沃伦，'我大声地叫道，'25美分的硬币也行啊！'他有点羞怯地把钱递给了我。"

巴菲特总是自己开车，衣服到穿烂为止，最喜欢的运动不是高尔夫，而是桥牌；最喜欢吃的食品不是鱼子酱，而是玉米花，最喜欢喝的不是XO之类的名酒，而是百事可乐。当我们看到这个地球上的富翁也在过着和平常人一样的生活，那么我们普通的老百姓又有什么不知足的呢？

人生本来就是一个变化无常的过程，过分地执着则绝对是一种人生的大不智。

可能你是一个大忙人，为了生意上的事情东奔西走，苦心经营，风餐露宿，历尽艰辛。这让你财运亨通，但是也让你感到精疲力竭。其实人生之乐在于平淡，不在于高官厚禄，不在于香车宝马，不在于娇美妻子，不在于锦衣玉食，而在于平淡当中的真实，真实当中的平淡。

其实，追鹿的人是无法看到山的，捕鱼的人是无法欣赏到水的。他们只为了一个目的，而忽视了身旁的美景与灵动。

如果是站在山涧，倾听那潺潺的流水声、鸟语声，怎一个清字了得？闭上眼睛，想象着这么一幅画：湛蓝的天空，和煦的阳光，连绵的山脉，休憩的马匹，甚至就连那流动的河水也停止了。

这是多么平静淡雅的生活，多么令人向往。每个人心中都应该

有那么一个宁谧的地方。每当我们遇到不如意的时候，让我们抛开那些不如意吧，到那心灵中静谧的地方走一走，何须行路匆匆呢？

其实，幸福是很简单，也很平淡的事情，它简单平淡到蕴藏在我们简单平淡的生活里，有的时候我们甚至感觉不到，但是在内心深处，却有这么一个叫作幸福的种子在生根发芽，只要你能够给它以充足的水分和养料，那么它就会茁壮成长，关键是你一定要保持一颗平淡的心。平平淡淡的幸福，更令人向往！

当我们过分迷恋金钱时，心灵就会变得畸形

当我们过分迷恋金钱时，金钱就会使人性变得畸形，它就像一个理智的杀手一样，把人引诱到一个可怕的阴谋中，并残忍地斩断亲情、友情和爱情。

有一对很要好的朋友在树林里散步，突然有个乞丐慌忙地从丛林中跑出来，他们便问道："什么事让你这么惊慌失措？"

乞丐说："太可怕了，我在树林里挖到了一堆金子！"

两个人心里禁不住地想：这个人真是傻瓜！挖到黄金，这么好的事情居然觉得害怕！于是他们问道："你在哪里挖到的？能告诉我们吗？"

第三章　心灵自愈力：
你的心灵常常是战场，在这个战场上，理性与非理性一再鏖战

乞丐问："这么厉害的东西，你们不怕吗？它会吃人的！"

那两个人不以为然地说："我们不怕，请你告诉我们在哪儿吧！"

乞丐说："就在森林最东边的那棵树下面。"

两个朋友立刻找到那个地方，果然发现了很多金子。

一个人对另一个人说："这个乞丐真是愚蠢，有这些金子他根本用不着再讨饭了，而且人人渴望的金子在他眼里却成了吃人的东西！真是个傻瓜，难怪要一辈子讨饭。"

另一个人也随声附和地点头称是。

他们于是讨论怎么处置这些金子，其中一人说："白天拿回去不太安全，还是晚上再拿回去吧。我在这儿看着，你回去拿些饭菜，我们等到天黑再把金子拿回去吧。"

另外一个人就照他说的去做了。留下的那个想："如果这些金子都归我一个人多好呀。等他回来，我就用棍子打死他，这些金子就都属于我了。"他开心地笑了。

回去拿饭的那个也在想，独占这些金子该多好呀，于是就在饭菜里下了毒，要毒死他这位朋友。

刚回到树下，那个朋友就用木棍将他打死，然后说道："亲爱的朋友，我本不想杀你的，可是这堆金子逼迫我这样做。"

之后，他拿起朋友送来的饭菜，狼吞虎咽地吃起来了。没过多久，他就觉得肚子里如火烧一样，他知道自己中毒了，临死前他无限感叹地说："乞丐说的话真是一点都不错呀！"

为了金钱杀害自己最亲密的朋友，人为财死，鸟为食亡，这是

多么悲哀的一幕！因为贪念而放不下，这是非常危险的，它伤害的不仅是自己，而且是别人，甚至可能是我们至亲至爱的人。

金钱是获取美好生活的一种手段，而不是万能的神明。过分执迷金钱，人的情感就会变得冷漠；过分追逐金钱，人就会产生妒忌和猜疑，所以我们应当学会正视金钱，别让金钱谋杀了你的幸福。

有这样一对青年，他们婚后生活得美满幸福，并且有了两个可爱的孩子，邻居们都非常羡慕他们。然而，丈夫总觉得自己的家庭与他见到的富户相比，显得太寒酸了。于是，他告别了妻儿老小，终年奔波在外，处心积虑地挣钱。天长日久，妻子感到家庭冷清沉寂，尽管有了更多的钱财，却无异于生活在镶金镀银的墓穴中。孩子长大了，却没有见过爸爸。后来，爸爸终于回来了，可是，他在一次生意中被人骗了而破产，成了一个衣衫褴褛、垂头丧气的人。孩子望着这位泪流满面的"叔叔"，惊异地说："要饭的，我妈妈不在家，待会儿她买好吃的回来了，再给你吃吧！"

妻子回来了，她是位忠厚、贤惠的妇人，多年来，她一直惦记奔波在外的丈夫，看到丈夫的那一刻，她什么都明白了。

丈夫像孩子似的扑进妻子的怀里，泣不成声地说："完了，一切都完了，我的心血全被那帮坏蛋吸干榨尽了，我没有活路了，我的路走完了，我后悔死了。"

妻子满是怜惜地看着丈夫，仔细听完了丈夫的哭诉后，她用手轻抚他的头发，脸上露出了几年来从未有过的微笑，说：

"你的路曾经走错了，但现在你的心终于回来了。这是我们全家真正幸福生活的开始。只要我们辛勤劳动、安居乐业，幸福还会伴随我们。"

是的，幸福与诚恳、老实是分不开的，而任何企图搞歪门邪道的人，都休想踏进幸福的大门。从此以后，夫妻二人带着两个孩子辛勤劳动，共同经历风雨，用自己的汗水换来了丰硕的成果。尽管他们的生活并不奢华，但爱的心愿充溢着他们的心房，他们重新找回了昔日生活的美好，也懂得了生活真正的含意。

想明白，赚钱究竟是为什么

我们总是认为必须有钱才能享受生活，事实上享受生活只和你的心态有关，和你的金钱并没有太大的关系。不要抓住金钱不放，你可以随时享受生活，而不必限定在有了一定数量的金钱以后。

在一个美丽的海滩上，有一位不知从哪儿来的老翁，每天坐在固定的一块礁石上垂钓。无论运气怎样，钓多钓少，两小时的时间一到，便收起钓具，扬长而去。

老人的古怪行为引起了一位小伙子的好奇。一次，这位小伙子忍不住问："当您运气好的时候，为什么不一鼓作气钓上一天？这样一来，就可以满载而归了！"

"钓更多的鱼用来干什么？"老者平淡地反问。

"可以卖钱呀！"小伙子觉得老者傻得可爱。

"得了钱用来干什么？"老者仍平淡地问。

"你可以买一张网，捕更多的鱼，卖更多的钱。"小伙子迫不及待地说。

"卖更多的钱又干什么？"老者还是那副无所谓的神态。

"买一条渔船，出海去，捕更多的鱼，再赚更多的钱。"小伙子继续回答。

"赚了钱再干什么？"老者仍是显出无所谓的样子。

"组织一支船队，赚更多的钱。"小伙子心里直笑老者的愚钝不化。

"赚了更多的钱再干什么？"老者已准备收竿了。

"开一家远洋公司，不光捕鱼，而且运货，浩浩荡荡地出入世界各大港口，赚更多更多的钱。"小伙子眉飞色舞地描述道。

"赚更多更多钱还干什么？"老者的口吻已经明显地带着嘲弄的意味。

小伙子被这位老者激怒了，没想到自己反倒成了被问者。"您不赚钱又干什么？"他反击道。

老人笑了："我每天只钓两小时的鱼，其余的时间，我可以看看朝霞，欣赏落日，种种花草、蔬菜，会会亲戚朋友，优哉游哉，更多的钱对于我何用？"说话间，已打点行装走了。

抛弃了功利的思想，悠闲自在地在沙滩上垂钓，不用为钱耗费心力，不用与人钩心斗角，这是一种多么令人神往的人生境界啊！然而生活中，很多人还是认为只有自己挣到了足够的钱，才能不再

第三章 心灵自愈力：
你的心灵常常是战场，在这个战场上，理性与非理性一再鏖战

为钱忧心，自在地享受生活了，然而真的是这样吗？

　　雷先生是一个成功的商人，家有娇妻爱子，汽车洋房，还有令人羡慕的事业，人人都说雷先生实在太幸运、太幸福了，但雷先生却总觉得自己活得很累：从早到晚应酬不断，私底下恨不得将对方一斩两段，表面上却还得跟对方称兄道弟，推杯换盏；生意场上费尽心力，明争暗斗，没完没了；公司里忙忙碌碌，事无大小都得亲力亲为……更可气的是回到家里妻子和孩子还不理解他，妻子指责他冷落了自己，孩子埋怨他不带自己出去玩，雷先生也一肚子火，自己在外这样拼死拼活都是为了多赚点钱，让一家人生活得更幸福，怎么一片好心倒落了一身埋怨呢？这不，为了工作他决定将已经一再推迟的家庭旅游计划再推迟一段时间，这个决定惹恼了妻子，两人大吵一架后，妻子带着孩子回娘家了，留下雷先生一个人在家喝闷酒：我到底哪儿做错了？

　　雷先生显然错解了幸福的含义，他似乎认为拥有的金钱越多，生活就越幸福，他也总在想：等我拥有足够的金钱，我就可以放下一切，自由地享受生活，然而金钱的诱惑似乎常常与手头拥有的金钱数目直接成正比例：你拥有越多，你想要越多。同时，每一元钱的增量价值，似乎与实际价值成反比例：你拥有越多，你需要越多。金钱能够买到舒适，促进个人自由。但一旦钻到钱眼里，金钱就会束缚个人的自由。因此，雷先生如果不改变心态，那么即使拥有更多的钱，他也仍旧无法为自己和家人带来快乐。

　　亚里士多德曾这样描写那些富人们："他们生活的整个想法，是他们应该不断增加他们的金钱，或者无论如何不损失它。一个美好

生活必不可缺的是财富数目，财富数目是没有限制的。但是，一旦你进入物质财富领域，很容易迷失你的方向。"

45岁的银行家弗兰克说："虽然我拥有超过200万英镑的财产，但我感到压力很大，我不能在每年15万英镑的基本收入的基础上使收支相抵。我想也许我正在失控，我总是苦于奔波，但我还是错过了好多约会。当我不得不作决定时，我感到好像有人把他的拳头塞进了我的肠子里。午夜时，我会爬起来开始翻报表，我只是想让我平静下来。我无法睡觉，无法停下来。然而我还是不能取得进步。"

很明显，在弗兰克看来，他所取得的一切都没什么意义，他真的相信，当他达到他的金融目标时，他将感觉像一位国王。金钱已成为他的自尊和支柱，一种对人的价值的替代之物。他意识到金钱本身绝不可能让他幸福，并且一直到他重新界定他的价值和他的优先考虑事项为止，弗兰克将继续在成功边缘摇摆不定，将他的家庭和他的健康置于危险之中。

迷恋金钱有多种表现方式，弗兰克只是其中的一种表现。然而，有一条把所有这些情况贯穿起来的共同线索，那就是金钱作为美好生活的手段的价值消失了，金钱本身成了一种目的。当它被置于爱情、信任、家庭、健康和个人幸福之前时，它总是倾向于腐烂。

第三章 心灵自愈力：
你的心灵常常是战场，在这个战场上，理性与非理性一再鏖战

别被虚名所累，活得自在一点

由于受到生活当中某些观念的影响，许多人都将追求功名利禄作为自己的人生目标。在这样的观念当中，功名的高低也就变成了评判生活美妙与否的唯一标准。所以，人们便在这样的不断追求当中愈陷愈深，宝贵的人生就在这样的患得患失当中匆匆而过，根本没有时间和机会去品味其中的内涵。

可以说，追求虚名就是人生最大的硬伤。人世间，众多的名名利利、是是非非一直让我们深陷其中，大部分人都知道虚名所带来的荣耀，但是却不知道在这当中所蕴藏的痛苦。为了获得虚名，我们劳心、劳力、劳神；为了获得虚名，我们计划、奔波、忙碌；为了获得虚名，我们猜忌、争斗、耍诈；为了获得虚名，我们放下了自己的身段去做溜须拍马的事情。我们总是在没有获得虚名的时候努力去争取虚名，可是在得到虚名之后，我们又会战战兢兢地担心，害怕哪一天它突然失去或者化作泡影。

其实，一生当中最有价值的财富不是看得到、听得见的名利，而是一颗健康的心，心满则一切皆满，幸福的人并不拥有最多，而是需要最少。名利可以换来任何东西，唯独不能够换来欢愉的心。

那些虚名和利禄都是身外之物,要想活得轻松,就不要将其记在心头。

可是,虽然有很多人都明白这个道理,但是却很少有人能够躲过虚名所设下的美轮美奂的陷阱。终生都为了虚名所累,大有夸父逐日的劲头,可是自己却永远无法找回心灵的纯真。其实,即使我们不去追赶太阳,只要用心对待生活,那么阳光也依旧会照耀到我们的身上。

爱因斯坦已经成为国际知名的大科学家,可是他却并不在乎那些名利所带来的荣耀和光辉。

在一次旅行过程中,爱因斯坦所乘坐的航船的船长认出了他,于是急忙腾出全船最精美的房间用来招待他,结果,爱因斯坦并没有接受船长的好意,并且还表示自己其实也是一个平凡的人,与他人并无差异,所以不愿意接受这种特别优待。爱因斯坦说:"除了科学之外,没有哪一件事情可以使他过分喜爱。"这种虚怀若谷、坦然率真的人品,也成就了他的伟业。

作为镭的发明者,居里夫妇如果在当初便以发明者和所有者的身份自居,那么就意味着他们能够获得一笔可以维持一生生计,而且还能够留给子女一大笔遗产的巨额奖金。可是居里夫妇却放弃了这唾手可得的名利,坚定地将技术无私地奉献了出来,因为只有这样,才不会违背他们为科学研究做贡献的初衷。

在之后的生涯当中,居里夫人先后获得各种奖章16枚,各种荣誉头衔117个,在外人看来,这些已经成为一种难以超越的成就,但这对于她来说似乎并不代表什么。

第三章　心灵自愈力：
你的心灵常常是战场，在这个战场上，理性与非理性一再鏖战

有一天，她的一位女性朋友到家里做客的时候，发现居里夫人的小女儿正在玩弄英国皇家学会刚刚颁发给她的一枚金质奖章。这位朋友瞪大了眼睛惊奇地问："天哪！那枚奖章可是你极高的荣誉，你怎么舍得这样随便让孩子们丢来丢去呢？"

居里夫人笑了笑说："我之所以这样做，是想告诉我的孩子们，所有的荣誉都只是像玩具一样，只能玩玩而已，绝对不能够永远守着它不放，否则的话就会一事无成。"

居里夫人的非凡气度给追逐名利的我们留下了一面明亮的镜子。淡泊名利、无求而自得这才是一个人走向成功的起点。一个人只有将心态放平稳一些，将自己的名利看淡一些，才能够在自己应该做，并且真正想做的事情上发挥出最佳的水平，这样成就也会在不经意间自然而然地显现出来。这种自然而然的获得肯定要比刻意地追求来得轻松许多，也有价值得多。

人生在世，我们不仅要有豁达、开阔的胸襟，而且还要有健康的心灵和正确的追求。把那些所谓的虚名看淡一些吧，只有这样才能超然物外，活得轻松自在。

为欲望设个底线，它才不会毁掉你的幸福

既然人的欲望是无止境的，那么，我们就应该懂得为欲望设置底线。只要我们严格遵守这个底线，那么我们就不会成为欲望的奴隶，而且，我们会因为实现了自己的既定目标，从而感到快乐和幸福。痛苦和幸福其实仅仅是一念之差、一线之隔罢了。

在一个国庆长假，一位商人带着女儿去看画展，旁边展厅正在举行一个拍卖会。商人灵机一动：拍卖场是一个最残酷，也是最锻炼人的地方，对手就在眼前，一槌定乾坤。互相之间没有过多的时间思考，也没有回旋余地。于是，商人向女儿简单地讲解了一下竞拍规则，然后带她去参加。

这位商人的女儿选了一位音乐家收藏的塔罗牌，她非常崇拜这位音乐家。商人告诉女儿，这种塔罗牌正常售价20元，可因为是收藏品，有感情和历史，那么你愿意为你的感情和它的历史多支付多少呢？

女儿听完之后想了想，说愿意付100元。商人说那好，100元加上原来售价20元，就是你的最高出价，也是底线，超过这个价格你就必须放弃了。

随着拍卖师的槌响，竞拍开始了。女儿开始举牌，而商人就坐在女儿的旁边，看着女儿一副非常紧张的样子，生怕别人和她竞价。

商人环视了一下周围，发现竞拍者还是不少，而竞拍的对手也并没有因为她是小孩子而放弃。已经加价到 100 元了，这个时候商人的女儿有些泄气，小声嘀咕了一句："糟了，快到了！"

商人一听，坏了，这是拍卖中最忌讳的，把自己的底牌亮了出来。商人用胳膊肘碰了女儿一下，女儿意识到自己说错话了，可是这已经无力挽回了。塔罗牌一路上涨，冲过 120 元底线，女儿还想举牌，但是商人却制止了女儿的行动。

走出拍卖厅，商人安慰情绪低落的女儿："你虽然没得到那副塔罗牌，但是你今天学到的东西比这副牌更有价值。首先，人的欲望是没有止境的，你今天学会为欲望设定底线，这已经非常好了，很多人失败就是没有控制好底线，成了欲望的奴隶。其次，输不要紧，关键的是要知道输在什么地方。你今天犯了两个技术性的错误，一个是让对手看出自己的经验不足；二是不该说那句话，把底牌亮给人家，这是商场大忌。其实在很多时候，竞争者的水平往往是不相上下的，最终谁能够获胜，往往就取决于心态。拍卖会很显然就是一个浓缩的社会，参与者都是你的竞争对手，你必须想办法战胜他们。"

女儿听完之后，冲父亲笑了笑，脸上依然还挂着失落的表情。商人问她，如果塔罗牌的主人不是那位音乐家，那么你还会这么喜欢吗？女儿摇摇头，商人说："你以前不是总问我，什么叫产品附加值？这其实就是产品的附加值。"

"其实我们每个人也是这样，你现在和班上同学站在同一条起跑线上，但是等到10年后你们的位置就不一样了，你的社会地位，生活质量，往往就取决于你的附加值——知识储备、工作经验和创新能力。其实这副塔罗牌，爸爸完全是可以买下来作为礼物送给你，但是我还是希望你凭借自己的能力得到它。因为在这个过程中，你成长了，有了收获，这是我今天送给你的最好礼物。"

诚如其然，每个人的欲望都是无限的，如果我们不为我们的欲望设置底线，那么我们肯定就会成为欲望的奴隶，最终陷入不可自拔的深渊，让自己与幸福女神擦肩而过。而只有为自己的欲望设置底线，并且能够让自己严格遵守这个底线，我们才能保证自己的幸福指数，不让无尽的欲望毁了我们的幸福。

实实在在地生活，别去追求得不到的东西

曾经一度热播的电视剧《我的青春谁做主》当中有一段台词深深地打动了人们："你知道蚂蚁的幸福是什么？""知道，胃口小，不贪婪。我们知足，别人吃一碗都不饱，我们有一粒儿就乐半年。"这就是钱小样的幸福观。这个背着米老鼠背包，梳着两

第三章 心灵自愈力：
你的心灵常常是战场，在这个战场上，理性与非理性一再鏖战

条发辫的钱小样在荧屏上飞扬洒脱，感动了无数的人。是啊，知足者常乐，知足者才能够体会到当下的幸福。在这短暂的生命里，何必为了追求一些得不到的东西，而舍弃当下的幸福呢？西班牙和美国心理学家在1992年巴塞罗那奥运会田径比赛场上，用摄像机拍摄了20名银牌获得者和15名铜牌获得者的情绪反应。心理学家们研究发现，在冲刺之后和在颁奖台上，第三名看上去反而比第二名更高兴。

研究人员对这一现象进行了分析，最后得出的结论是：因为铜牌获得者通常对自己的期望值并不是很高，获得铜牌也许就是他为自己制定的目标，也许是他根本没有期望获得多么好的成绩，不管怎样都是一个惊喜，所以已经很高兴了；而银牌获得者的目标通常可能就是金牌，没有夺冠当然就会觉得多少有一些遗憾、有一点难过。

而事实也正是如此，每当记者在领奖之后采访获奖运动员的时候，许多亚军几乎都会说，本来有希望成为冠军的。但是季军获得者却会因为自己已经闯入了前三名而感到很知足。其实，我们每个人都应该懂得知足，给自己正确定位目标，才能够成为主宰自己情绪的人。你站在什么位置上看问题，决定了你的人生态度。不要为自己不能够实现的愿望而灰心，甚至丧失了坚持的勇气。循序渐进地看问题，没有什么能够成为阻挡你快乐成功的绊脚石。

所以，我们不要去追求那些得不到的东西，不要制定一些不符合实际情况的目标。如果你的成绩不及格，那么请先把目标定到及格上，而不是满分。只有懂得知足才能够享受到当下生活的乐趣。

我们要知道，人的欲望是无止境的，看似只有拳头大的心脏，可能装下很多连自己都盘算不清的东西。曾经有这样一句话："心有多大，舞台就有多大。"也许这就是人性，但是我们更应该学会知足。

从前有一头驴，它的生活非常安逸，主人是一个布商，从来不让它干重活，只是偶尔去城里上货的时候让它驮着并不沉重的布匹走几趟。每次当主人不在家的时候，它就可以由小主人带着去山上吃草、散步。

有一天，小主人由于贪玩，于是就让驴子自己吃草，他跑到山下和小朋友们玩耍去了。驴子这个时候已经厌倦了脚下的草地。它举目望去，啊，山那边有好多草啊。于是它兴奋地跑了过去，可是发现要过好几个坡才能到，但是为了那新鲜肥美的草，它坚持跑到了山顶。

这个时候驴子已经很饿了，而且筋疲力尽。它刚要俯下身子去吃草，突然就发现对面山上有一片更肥更鲜美的草地，于是它放弃了眼前的美味，开始继续向那片草地跑去，还没有跑到目的地，驴子就倒在了地上。

这头可怜的驴子，总是这山望着那山高，结果就白白断送了自己的性命。不知道你有没有觉得这头驴特别傻呢？可是你有没有审视过自己，有的时候我们是不是也像那头驴一样，这山望着那山高、永远不知道满足呢？

学会知足，这是对人性的修炼。学会它，人生的道路上就会充满阳光，什么时候都生活在温暖中，惬意将是整个人生的主要背景，而人生就是一曲欢快、热情而奔放的交响乐。

　　珍惜自己拥有的，懂得知足，我们才能够快乐。如果一辈子只是不停地追求那些得不到的东西，那么我们就会丢失当下的美好。

　　知足能够带给我们一种欢畅、一种轻松，同时也是一种快乐的享受。这种享受就是在你的身边，只要你愿意伸出手去，你就能够拥有它。从现在开始，请忘记那些你得不到的东西，珍惜你的拥有，享受知足者的快乐吧！

3. 毁于虚荣心的人，比毁于爱情的还要多

很多恶劣的行为都是因过度虚荣而产生的，这些行为成为了人们满足自己的手段。那些不合理甚至不道德的动机像一针兴奋剂一样，燃起恶念，使人失去理智去追求浮华与虚空的美丽。但迎接过度虚荣者的往往是终生的遗憾，他们的生命也因此变得虚幻。

虚荣——生命中的易碎泡沫

平心而论，虚荣在我们每个人的心中都有不同程度的存在，一定程度的虚荣是可以理解的，偶尔有些虚荣的想法也是无可厚非的。

换个角度来看，适度虚荣甚至可以帮助我们更努力地工作，使我们不断进取，追赶比自己更优秀的人。适度虚荣可以使生活变得

第三章 心灵自愈力：
你的心灵常常是战场，在这个战场上，理性与非理性一再鏖战

更美好。但过度虚荣绝对是有害的，过度虚荣使我们走向了生活的反面。

王薇总是喜欢在别人面前炫耀自己的父母，因为她的父亲是企业家，母亲是公务员，所以她觉得很光荣，不管是什么时候，在什么地点，都会将自己的父母挂在嘴边。进入大学以后，她也觉得自己和别人不一样，但是事实却打破了她的幻想，没有人在意她的身份，更没有人因为她的父母而对她猛追热捧。她感到很失望，心理开始不平衡，觉得受到了轻视。而在那些比自己家庭条件还要好的同学面前，她又总是极尽逢迎。

虚荣就像是一场华丽的闹剧，闹剧总有结束的时候，虚荣也总有被看穿的时候。当一个人习惯了虚荣，他会渐渐地忘记真实，从而让自己活在虚荣的面纱下。一旦这层面纱被现实的风吹走，那么他就会不知如何是好。

虚荣像是美丽的泡沫，在阳光下五彩缤纷，但是经不住风儿轻轻一吹，虚荣在真实面前总是很无力，这层面纱轻而易举就会被揭开。虚荣再美丽，也必然会成为一片虚无。虚荣的人努力在人前表现出自己的完美，但却为此付出了高昂的代价，最终产生很多只有自己才知道的酸楚。

虚荣的人害怕寂寞，所以才会用表面的"无所谓"来掩盖自己内心的害怕。如果你直接拆穿他们的真实内心，他们会觉得自己没有了依靠，会瞬间崩溃，这就是虚荣面纱下的心灵。虚荣的心灵是苍凉的，他们害怕被人拆穿，希望自己的面具能够戴到永

远,但是事实总是很残酷,他们总是成为那个被嘲笑的、光着身子的国王。

　　虚荣不过是一片浮云,早晚要散去。就算它再美,也不可能通得过现实的考核。然而有些人总是不愿面对真实的自己。然而生命是真实的,无论是鲜艳动人抑或面目黯淡,都将最终定格在人生的某一个瞬间,欢喜悲愁与泪水飞逝,成为铭记或淡忘的过去。在这个大千世界中,真实的云朵还有可能被飘来的风吹散,更何况那虚无的虚荣呢?生命是真实的,容不下过多的虚荣,假如一个人选择了在虚荣中生活,那他这一辈子少不了各种痛苦和纠结。

　　虚荣往往是成功的绊脚石,在虚荣的面具下,往往显现的是狰狞的内心世界。一个人的虚荣往往会给身边的人带来伤害。所以说,如果你想要实现自己的成功,想要让自己的人生道路变得比较平坦,那么就不要让自己的生活变得狰狞,不要让自己活在虚荣的世界里,让自己变得勇敢一些吧,让自己的真实感动外界,让自己的真实帮助自己成长,帮助自己实现属于自我的快乐。

第三章　心灵自愈力：
你的心灵常常是战场，在这个战场上，理性与非理性一再鏖战

虚荣心实际上是一种扭曲的自尊心

　　虚荣心很难说是一种恶行，然而很多恶行都围绕虚荣心而生，都不过是满足虚荣心的手段。虚荣心是一种很复杂的心理现象，与自尊心有极大的关系，但也不能说，虚荣心强的人一般自尊心强。因为自尊心同虚荣心既有联系，更有区别，虚荣心实际上是一种扭曲了的自尊心。

　　何伟和丽丽是大学同学，在学校时是大家公认的金童玉女，毕业后，顺理成章地结成了百年之好。那时，当同学们都在为工作发愁时，何伟就直接被推荐到一家公司做设计工程师，丽丽也因此自豪着。

　　结婚5年后，他们有了宝宝，生活步入稳定的轨道，简单平静，不失幸福。然而，一次同学聚会彻底搅乱了丽丽的心。

　　那次聚会，男人们都在炫耀着自己的事业，女人们都在攀比着自己的丈夫，站在同学们中间，丽丽猛然发现，自己在同学中显得如此普通，那些曾经学习和姿色都不如自己的女同学都一身名牌，提着昂贵的手提包，仪态万千，风姿绰约。而那些曾经被老公

远远甩在后面，不学无术的男同学，现在居然都是一副春风得意的样子。

回家的路上，丽丽一直没有说话，何伟开玩笑说："那个小子，当初还真小看他了，一个打架当科的小混混，现在居然能混成这样，不过你看他，真的有点小人得志的样子。"

"人家是小人得志，但是人家得志了，你是什么？原地踏步？有什么资格笑话别人？"

何伟察觉出了丽丽的冷嘲热讽，但并未生气："怎么了？后悔了？要是当初跟着他现在也成富婆了，是吗？"

一句话激怒了本就不开心的丽丽："是，我是后悔了，跟着你这个不长进的男人，我才这么处处不如人。"

何伟只当她是虚荣心作怪，被今天聚会上那些女同学刺激了，为避免吵起来，便不再作声。

一夜无话，第二天就各自上班了，何伟觉得丽丽也平复了，不再放在心上，可是此后他却发现，丽丽真的变了，总是时不时地对他讽刺挖苦：

"能在一个公司待那么久，你也太安于现状了吧？"

"干了那么久了，也没什么长进，还不如辞职，出去折腾折腾呢？"

"哎，也不知道现在过的什么日子，想买件像样的衣服，都得寻思半天的价格，谁让咱有个不争气的老公呢！"

在丽丽的不断督促下，何伟终于下决心"折腾折腾"。他买了一

第三章　心灵自愈力：
你的心灵常常是战场，在这个战场上，理性与非理性一再鏖战

辆北京现代，白天上班，晚上拉黑活，以满足丽丽不断膨胀的物质需求。丽丽的脸上也渐渐有了些笑模样。

那天，本来两人约好晚上要去看望丽丽的父亲，可左等右等何伟就是不回来。丽丽正在气头上，收到了何伟发来的信息："对不起老婆，始终不能让你满意。"女人看着，想着肯定是何伟道歉的短信，她躺着，回想着这些年在一起的生活，想到老公对自己的关心和宽容，想着他们现在的生活，虽然平凡一点，但是也不失幸福，想着自己也许真的被虚荣冲昏了头，想着想着便睡着了。第二天早上，睁开眼的丽丽发现，何伟竟然彻夜未归，她大怒，正准备打电话过去质问，电话铃声却突然响了。

电话那头说他们是交通事故科的，丽丽听着听着，感觉眼前的世界越来越缥缈，她的身体不停地抖着，蜷缩成一团。

原来，那天晚上，何伟拉了一个急着出城的客人，他一般不会出城，但因为对方给的价格太诱人，就答应了，回来的路上，他被一辆货车追尾，最后一刻何伟给丽丽发了一条信息"老婆对不起，始终不能让你满意。"

太平间里，丽丽的心抽搐着，可是无论多么痛苦，无论多么懊悔，无论多么自责，都已经唤不醒"沉睡"的何伟了。她一遍遍地责问自己："为什么要责骂，为什么要逼迫，为什么不能珍惜眼前所拥有的？为什么要用虚荣为生命埋单？"

人是需要荣誉的，也该以拥有荣誉而自豪。可是真正的荣誉，应该是真实的，而不是虚假的，应该是经过自己努力获得的，而不

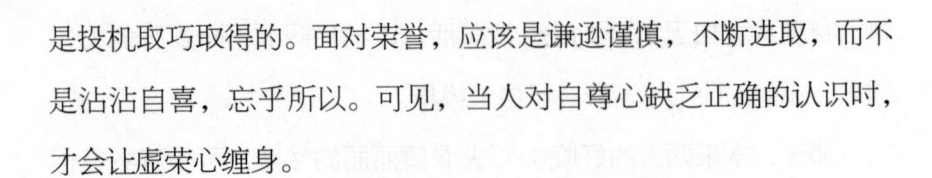

是投机取巧取得的。面对荣誉,应该是谦逊谨慎,不断进取,而不是沾沾自喜,忘乎所以。可见,当人对自尊心缺乏正确的认识时,才会让虚荣心缠身。

攀比是焚毁幸福的毒火

每个人都有攀比心理,或多,或少。稍微攀比一下,那叫给自己动力;比得多了,便成了没有动力的压力,身心都不健康了。

"攀比"本身没有错,错的是人们对待"攀比"的心态。人一旦有了不正常的比较心,往往意不能平,终日惶惶于所欲,去追寻那些多余的东西,空耗年华,难得安乐。然而,尽管人们都知道"人比人,气死人"的道理,可在生活中,还是要将自己与周围环境中的各色人物进行比较,可是攀来比去,最后除了虚荣的满足或失望之外,还剩下什么?有没有意义?是徒增烦恼还是有所收获?答案是:毫无意义!

丽娜的幸福可以说毁在了一次聚会上,那次聚会让她觉得特丢脸。

露露算是这些朋友里最漂亮的,聚会时带了个新男朋友,据说

第三章 心灵自愈力：
你的心灵常常是战场，在这个战场上，理性与非理性一再鏖战

是温州一家大企业的少主，家里在当地很有名望。露露拎了一个 LV 的包包，时不时地打开又收起来，生怕别人看不见。

大热天琪琪居然围了一个皮草的小围巾，据说是那个在东北做皮草生意的男友送的，还一个劲地和大家说，这种皮草多么贵，保养如何如何讲究，配衣服如何如何难。搞得她自己现在就已经是皮草公司老板娘一样。

凯琳倒没穿戴什么名牌，但不停地提她那个既帅又有钱的男朋友，大谈他们的结婚计划，房子要在北京买，已经打算雇民工去排队买预约房位了。结婚旅行要到法国……

丽娜觉得自己最灰头土脸，男朋友在一家事业单位做事，虽说工作还算不错，待遇也挺好，可跟他们一比就显得逊色了，而且长得也说不上多帅。丽娜一边鄙夷着女友们的俗气，一边又羡慕得很。回到家里越想越生气，就希望琪琪被她的皮草捂出痱子，露露的男朋友家生意破产，凯琳那个男朋友移情别恋。在心里暗暗诅咒了一遍，丽娜又开始抱怨自己的男朋友没有出息，挣不来大钱，两个人为此吵了一架，气得丽娜第二天一整天都没有吃饭。

丽娜越想越不是滋味，终日郁郁寡欢，竟还为此病了一场。病好以后，她开始了各种理由的抱怨、折磨，男友心力交瘁，只能主动提出分手。

从此，丽娜开始彻头彻尾改变自己，她的眼里，只容得下钻石王老五。她与现在的老公是在一个朋友的婚礼上认识的，婚礼结束后第三天，新郎新娘就组织了"答谢饭"。后来丽娜才知道，那顿

"答谢饭"主要是新郎一个朋友——赵翰张罗的,为的就是看看自己。赵翰是某集团公司经理,也算是家族企业,家境殷实。之所以至今未婚,朋友说是因为太挑剔,家庭富裕顾虑就多,思想传统,一直想找一位背景单纯、贤惠持家的太太。

一心想嫁入豪门的丽娜开始"包装"自己。赵翰不希望找个女强人,很坚持"男主外女主内"的传统观念,所以丽娜第一次去赵翰家见家长,就故意明确表示:自己在工作上没什么想法,还是觉得家庭更重要。

赵翰喜欢单纯的女生,丽娜揣摩着说自己最大的爱好就是宅在家里。其实丽娜有一个"特长"——酒量超好。可和赵翰谈恋爱以后,丽娜一直宣称自己不会喝酒。有一次几个朋友一起玩,有朋友在赵翰面前说漏了嘴,丽娜马上极力否认,差点翻脸。

最终,丽娜与赵翰修成了正果,两人结了婚。婚后,丽娜按赵翰的意思辞掉工作,一门心思做个全职太太,但丽娜有种"上了贼船"的感觉。

首先是家务问题,以前谈恋爱时,丽娜还可以糊弄,结婚后就纸包不住火了。赵翰觉得丽娜越来越不理事,即使不需要亲自动手的家务事,也需要人安排统筹,可丽娜一点意识也没有。

最关键的是,丽娜内心里对事业还是比较有追求和想法的,觉得在家当全职太太埋没了自己的才华。丽娜几次提出想出去工作,但都被赵翰一口否决了。

如今,两人已经走到了冷战边缘,丽娜感觉自己都要崩溃了。

可以说，丽娜现在每天都在"喝酒"，喝当初自己酿的苦酒。当初她看到别人比自己强，心理开始不平衡，实际是攀比心理在作怪。客观地说，攀比也并非都是坏事。如果能够通过攀比，发现自身的不足、认识自己的独特、承认与别人的差异、确定努力的方向、激发合理竞争的欲望，这样比也能促成进步，这样比完全是可以的。

但是，如果什么都要比，聚在一起就比事业、比地位、比房子、比车子、比银子……非要比出个谁强谁弱，比赢了就扬扬得意、不知所以，比输了就垂头丧气、耿耿于怀，那就是一种心理失衡了。从某种意义上说，这完全是在自找烦恼。有句话说得好，这世上总有人比你拥有得更多、更好，所以在这场较量中，你不可能"赢"。与他人比，你永远只能一时高兴。

生活的道理应该是这样：没必要为了面子让自己活得太累，在人前处处逞强，仿佛自己什么都能做到似的。每个人都有缺陷，要敢于承认己不如人，也要敢于对自己不会做的事情说"不"，这样自然能够活出精彩。

讲排场要不得

看了一篇报道，说某地女同胞，月收入不过2000~3000元，可为了在别人面前有"面子"，她宁可省吃俭用，攒下大半年的收入去高档专卖店买一个路易·威登的挎包，她可以每天背着这个挎包去挤公交车或走路上下班以省下车钱。甚至有些女人为了在别人面前显示高贵，超出自身承受能力去买高档服装、化妆品、首饰等，为了过上表面奢华、虚荣的生活，不惜傍大款、卖身、啃父母，她们失去的是什么呢？

虚荣心强的人外强中干，不敢袒露自己的心扉，因此给自己带来了沉重的心理负担。虚荣之心在现实生活中只能满足一时的快感，长时间的虚荣会导致不健康情感因素的滋生。

有些人特别爱面子，喜欢讲排场，即使囊中羞涩也要硬充大款。一旦发迹之后更是极尽奢华之能事，大有千金散尽还复来的派头。这种人根本不可能获得真正的成功。

有许多年轻人每月可以赚很多的钱，但拿到之后总是花个精光，而理由无非是在人前摆阔，这样的人如果不思悔改，将来到了晚年，

第三章 心灵自愈力：
你的心灵常常是战场，在这个战场上，理性与非理性一再鏖战

其景象可能会很凄凉！

很多人脑子里没有节约的意识，花钱如流水一般，胡乱挥霍，这些人似乎从不知道金钱对于他们将来事业上的价值。他们胡乱花钱的目的好像是想让别人说他一声"阔气"，或是让别人感到他们很有钱。当他与女友约会时，即使是在隆冬季节，他也非得买些价格很贵的鲜花不可。他却从来不曾想到，要这样费尽心机、花费钱财追来的老婆，将来绝不会帮他积蓄钱财，而必定是花钱如流水、挥金如土。

这样的人一旦用钱把脸面撑起来后，一切烦恼苦闷的事情就会接踵而至。为了顾全面子，他们就再也不能过节俭日子了。他们也不会认识到自己已经沦落到什么样的地步了。有些人入不敷出以后，就开始动歪脑筋，甚至挪用公款来弥补自己的财政缺口，久而久之，耗费愈大亏空也就愈多，慢慢地就陷入了罪恶的深渊，难以自拔。到了这时，他才想到自己不该胡乱花费，不该因此干那些违背天理良心的事情，不该挪用公款，可是为时已晚！为了满足这种爱慕虚荣、讲排场的恶习，不知有多少人到头来要挨饿，甚至有很多人因此丢了性命，更有无数人因此而丢失了职位！

当然，节俭不等同于吝啬。然而，即使是一个生性吝啬的人，他的前途也仍然大有希望，但如果是一个挥金如土、毫不珍惜金钱的人，他们的一生可能将因此而断送。不少人尽管以前也曾经刻苦努力地做过许多事情，但至今仍然是一穷二白，主要原因就在于他们没有储蓄的好习惯。

为什么有那么多人如今都过着勉强糊口的生活呢？因为这些人不懂得，以前少享些安乐、多过些清苦的日子。他们从来不知道去向那些白手起家的人学一学；他们从来不懂得什么叫自我克制，无论口袋里有多少钱都要把它花得分文不剩；他们有时为了面子，即使债台高筑也在所不惜。

一个人有挥金如土的毛病是不会成就什么大业的，挥霍无度的恶习恰恰显示出一个人没有大的抱负、没有希望，甚至就是在自投失败的罗网。这样的人平时对于钱的出入收支从来漫不经心、不以为然，从来不曾想到要积蓄金钱。如果要成功，任何人都要牢记一点：对于钱的出入收支要养成一种有节制、有计划的良好习惯。

量力而行，切莫打肿脸充胖子

像小品《有事您说话》的主人公那样，为了表现自己比别人强，有本事，就瞎吹牛，说自己有路子买火车票，结果别人拜托他的时候，为了证明自己能，只好夜里排队去买票，弄得自己狼狈不堪。这是典型的虚荣表现，所带来的痛苦和麻烦都是自找的。

有位朋友也是这样，他师院毕业以后，被分到市属中学工作，正赶上市教委要求该校抽调人员对全市的中学进行实地考察，并要求写出相应的调查报告。这位朋友还没有被安排授课，因此便选中了他。起初，他感到很为难——自己刚出校门，不仅对本市教学情况不了解，就是对教育工作本身，也知之尚少，何况自己本就不想参加。无奈，校长已经开了口，碍于情面，实在不好拒绝。

一个月后，别人都按时上交了调查报告，唯有他，由于不谙世故，又缺乏经验，对自己分工调查的三个中学连情况都没摸准，更不用说分析了。市教委主任很是恼火，大斥校长不会用人，这位朋友面子上受不了了，又气又愧，最后只好以辞职来解脱自己。

这位朋友当初为了照顾别人的情面，最终自己工作丢了。这对他而言应该是个很深刻的教训。然而，这对我们而言又何尝不是一种启示呢？如果因为面子问题，不管三七二十一地一味应承，事若不成，不但对方的不悦会升级，而且对于我们也是一种打击。所以说，无论做什么事，我们都要量力而行，对于力所不及的事情，就要明智地放弃，别怕丢面子，也别怕别人不高兴，因为这已经超出了我们的能力范围，不是我们懦弱，而是我们真的不能。

很多人有"逞能"的习惯，逞能其实是一种盲目的心理状态，比如有人奉承你两句，你便觉得自己无所不能，也不衡量自己有多少能力，就硬着头皮去做自己力不能及的事情，结果怎么样？不但事做不成，还常常令自己颜面扫地。

是的，有时我们需要一点"明知山有虎，偏向虎山行"的精神，以此来激励自己的人生，让自己的心灵更加坚韧顽强，但有时我们也要懂得一点变通和放弃。就像一位作家所说的那样："明智的放弃胜过盲目的执着。"打肿脸充胖子的事谁都能做，但为什么要做？累不累？值不值得？充了胖子别人就会觉得你能耐、觉得你英雄、觉得你仗义吗？未必。倒是很多时候，我们费了不少力，换来的却是讥笑与嘲讽。这怪不得别人，只怪我们自己太自不量力。

不是吗？自己没有金刚钻，为何要揽瓷器活？人是要有自知之明的，要清楚自己的极限在哪儿，凡事量力而行、尽力而为。场面上，有多大酒量，咱们就喝多少酒，不要喝伤自己；有多少能耐，咱们就出多大力，不要累垮自己！你想学武松一样上山打虎，那你就要先练就武松的本事，否则岂不是白白葬送性命？

英国著名作家狄更斯早就告诫我们："如果你以为仅凭一腔热情就能办到一切，那你还不如趁早放弃这次行动。"这与我国古代大思想家李耳先生不谋而合，——"知足常乐，终身不辱；知止常止，终身不耻"。事实上，当我们缺乏准确判断而做出某种非理性坚持时，它就会成为自不量力的代名词，成为盲目和狂热的蠢行，倘若依旧一意孤行，就很可能会伤及心灵，甚至是你的人生。

其实人活一辈子，不可能什么都行，什么都能，有些事情我们做不到很正常，但是做不到还逞能的话，就很容易被打脸，做人，切记，量力而行，不要为一时的小面子而丢了大面子。

4. 生命的低谷处，才是你最可贵的所在

走过一些路，才知道赶路的辛苦；登过一些山，才知道攀登的艰难；蹚过一些河，才知道跋涉的风险；经过一些事，才知道人生的苦辣酸甜。生命的低谷，才是你最可贵的所在。每一种创伤，都是一种成熟，它使人思索，使人坚强，使人更懂珍惜。

障碍与失败，是通往成功的踏脚石

人们经常把失败与痛苦联系在一起，其实并非如此。失败恰是迎接成功到来的前夜，是铺就成功之路的基石，失败与成功的关系，就像是度过了黑暗才能迎来黎明一样，经失败洗涤的人如果不是被失败湮灭，而是不骄不躁地承受，迎来的必将是黎明的曙光。

爱迪生出身低微，他的"学历"是一生只上过3个月的小学，老师因为总被他古怪的问题问得张口结舌，竟然当着他母亲的面说

他是个傻瓜，将来不会有什么出息。母亲一气之下让他退学，由她亲自教育。此后，爱迪生的天资得以充分展露。在母亲的指导下，他阅读了大量的书籍，并在家中建了一个小实验室。为筹措实验室的必要开支，他只得外出打工，当报童卖报纸。

爱迪生虽未受过良好的学校教育，但他凭非凡才智和个人奋斗获得了巨大成功。他以坚韧不拔的毅力，罕有的热情和精力从千万次的失败中站了起来，克服了数不清的困难，成为了伟大的发明家和企业家。

仅从1869年到1901年，就取得了1328项发明专利。在他的一生中，平均每15天就有一项新发明，他因此而被誉为"发明大王"。

1914年12月的一个夜晚，一场大火烧毁了爱迪生的研制工厂，他因此而损失了价值近百万美元的财产。爱迪生安慰伤心至极的妻子说："不要紧，别看我已67岁了，可我并不老。从明天早晨起，一切都将重新开始，我相信没有一个人会老得不能重新开始工作的。灾祸也能给人带来价值，我们所有的错误都被烧掉了，现在我们又可以一切重新开始。"第二天，爱迪生不但开始动工建造新车间，而且又开始发明一种新的灯——一种帮助消防队员在黑暗中前进的便携式探照灯。火灾对爱迪生而言只是一段小小的插曲而已。

"你若在患难之日胆怯，你的力量就要变得微不足道。"世界上没有永远的冬天，也没有永远的失败。在艰难和不幸的日子里，保持斗志、信心和忍耐，就拥有了披荆斩棘、所向披靡的利器，这样就必定能征服前行道路上的一切困难，到达成功的目的地。

当你勇敢地面对失败时，你会惊奇地发现失败原来也是一种收获，是酝酿成功的肥沃土壤。没有失败就无所谓成功，关键是看我们对待失败的态度。而生活就需要面对失败和挫折。如果放弃了奋斗追求的过程，所谓成功和失败就无从谈起。不要为昨天的失败而追悔莫及，也不要为明天的成功而忧心忡忡。

无论是大学者、大明星、大导演，他们的成功都无一例外地经历了等待、寂寞、积累的过程。在为梦想努力过程中可能会出现许多的困难和难以承受的寂寞，但必须选择坚持。

有些人之所以害怕失败，是因为他们害怕失去自信心，总试图将自己置于万无一失的位置。不幸的是，这种态度也把他们困在一个不可能做出什么杰出成就的位置。失败不过是一个更明智的重新开始的机会。

生命里的缺憾，亦可转化为人生中的惊喜

几乎所有的硬骨鱼类腹腔内都有鳔。鱼鳔产生的浮力可以使鱼在静止状态时，自由控制身体处在某一水层。此外，鱼鳔还能使鱼腹腔产生足够的空间，保护其内脏器官，避免水压过大导致内脏受损。因此可以说，鱼鳔关乎着鱼的生死存亡。

可有一种鱼却是异类，它天生就没有鳔！更惊人的是，它的存

在可追溯到恐龙出现前三亿年,至今已在地球上生活超过5亿年,它在近一亿年来几乎没有改变。它就是鲨鱼,一个"残疾"的海洋王者。

那么,究竟是什么让"残疾"的鲨鱼离开了鳔依然能在水中游刃有余呢?科学家经过大量研究找到了答案:鲨鱼因为没有鳔,为保证身体不下沉,所以几乎不会停止游动,因而保持了强健的体魄,练就了令人胆寒的战斗力。

原来,正是鲨鱼的天生缺陷,反而造就了它的强大。鲨鱼无鳔,是它的悲,也是它的喜。

变幻莫测的人生中也常常上演着一出出悲喜剧。

多年前,尼克·胡哲的父母原本满心欢喜地迎接他们的第一个儿子,却万万没想到会是个没有四肢的"怪物",连在场医生都惊呆了。

第一次见到尼克·胡哲的人,都难免被他的相貌所震惊:尼克就像是一尊素描课上的半身雕像,没有手和脚。不过,尼克并不在意人们诧异的表情,他在自我介绍时常以说笑开场。

"你们好!我是尼克,生于1982年,澳大利亚人,周游世界分享我的故事。我一年大概飞行120多次,我喜欢做些好玩的事情来给生活增添色彩。当我无聊时,我会让朋友把我抱起来放在飞机座位上的行李舱中,我请朋友把门关上。那次,有位老兄一打开门,我就'嘣'地探出头来,把他吓得跳了起来。可是,他们能把我怎么样?难道用手铐把我的'手'铐起来吗?"

"我喜欢各种新挑战,例如刷牙,我把牙刷放在架子上,然后

第三章　心灵自愈力：
你的心灵常常是战场，在这个战场上，理性与非理性一再鏖战

靠移动嘴巴来刷，有时确实很困难，也很挫败，但我最终解决了这个难题。我们很容易在第一次失败后就决定放弃，生活中有很多我没法改变的障碍，但我学会积极地看待，一次次尝试，永不放弃。"

尼克的生活完全能够自理，独立行走，上下楼梯，洗脸刷牙，打开电器开关，操作电脑，甚至每分钟能击打43个字母，他对自己"天外飞仙"一般的身体充满感恩。

"我父母告诉我不要因没有的生气，而要为已拥有的感恩。我没有手脚，但我很感恩还有这只'小鸡腿'（他的左脚掌及上面连着的两个趾头），我家小狗曾误以为是鸡腿差点吃了它。"

"我用这两个宝贵的趾头做很多事，走路、打字、踢球、游泳、弹奏打击乐……我待在水里可以漂起来，因为我身体的80%是肺，'小鸡腿'则像是推进器；因为这两个趾头，我还可以做V字，每次拍照，我都会把它跷起来。"说着说着，他便跷起那两个趾头，绽出满脸笑容——Peace！

尼克的演讲幽默且极具感染力，他回忆出生时父母和亲友的悲痛、自己在学校饱受歧视的苦楚，分享家人和自己如何建立信心、经历转变。"如果你知道爱，选择爱，你就知道生命的价值在哪里，所以不要低估了自己。"在亲友支持下，他克服了各种困境，并通过奋斗获得会计和财务策划双学士学位，进而创办了"没有四肢的人生"（Life Without Limbs）非营利机构，用自己的生命见证激励众人，如今他已经走访了24个国家，赢得全世界的尊重。

伟大的胸怀，应该表现出这样的气概——用笑脸来迎接悲惨的

命运，用百倍的勇气来应付自己的不幸。

绝望与愁苦永远不能使心灵真正坚强，人生真正成熟。困厄中徘徊犹疑的人们，只有用钢铁般的性情隐忍地跋涉，才能让一切苦难在你面前黯然失色。心灵强大需要的是信仰和毅力，品味的不是惨淡苦笑的气息，而是超脱后的平静与安宁。

最痛苦的时候，不如干脆去审视痛苦，甚至跟它紧紧地结合在一起，这或许才是解脱痛苦的更好方法。缺陷并非是一成不变的，关键在于心中对待缺陷的态度，把自己的缺陷看得明晰，知晓取长补短，知道精心作为，小心应对，有所为，有所不为，则缺陷并非是缺陷了。

逆境只是一个过程，而不是结局

逆境并不可怕，可怕的是把逆境看成结局。地球是运动的，一个人不会永远处在倒霉的位置。但是，如果你一直认为自己就是倒霉的，那么上帝也帮不了你。当然，在痛苦面前，我们不能寄希望于上帝的帮助，你得做自己的英雄。

1930年3月，正是春寒料峭的季节，美国田纳西州的一个街道上，一个40多岁的中年人，正挣扎在饥饿的边缘。

第三章　心灵自愈力：
你的心灵常常是战场，在这个战场上，理性与非理性一再鏖战

在此之前，他是一位出色的售货员，曾经为田纳西的无数个商店经销过商品，他的营销策略为他们带来了巨大的商机和利润，但好景不长，一次不好的时运，葬送了他的营销之路。

现在，他孑然一身，一贫如洗，他曾经想着去找那些自己帮助过的人，但他们一定会拒绝的，他们无法接受他的贫穷。

正当他走投无路时，他发现一家小餐厅的外面挂着招聘广告，他们这里要招收厨师，但薪金却低得可怜，一年的工资还不如自己以前一个月的多，在饥寒交迫面前，他放弃了理想和自大的念头，他推开那扇原本虚掩的门，开始了一种新的生活。

他的任务是烹制鸡块，这是他以前从未做过的行业，但做起来其实也很简单，他只需要按照人家的配料把鸡块扔进锅里煮，然后把它捞出来，整个过程就这么简单。

和他在一起的有三个人，他们一个个懒得要命，见到有生人来，便将全部的工作给了他，他本想发作，但想到自己刚来，本来就应该多做一些，便忍气吞声地埋头苦干。

几个流程下来，他竟然掌握了烹制鸡块的整个过程，他觉得这种做法是有问题的，他曾经尝过用这种方法制作成的鸡块，没有一点香味，这直接导致了这家店生意的惨淡。

他给老板提建议，提出应该改善一下配方，多加一些香料或者其他调料，老板没听进去，告诉他：你的职责是制作鸡块，这些不是你考虑的，不要多管闲事，我这可是祖传秘方，不会有错的。

他的好意换来了一顿谩骂，他气愤交加，本想扬长而去，但一

种钻研的思想还是使他留了下来，灵光闪现的瞬间，他似乎找到了一条属于自己的奋斗之路。

在工作中，他利用别人休息的时间到厨房里钻研，并且在鸡块上试着加一些其他的香料。

一天，他无意中将一块鸡腿掉进了正在加热的油里，感到万分紧张，因为老板说过油是不能够随便浪费的，一旦发现就要被罚款或者扣工资，幸亏没人发现，他赶紧拿出了鸡块，但扔了可惜，他便将它吃了，一个奇迹出现了，他感觉无意中炸出的鸡块香辣可口，他觉得成功在向自己招手。

经过多次的研制，1932年6月，在他的家乡，离田纳西州不远的肯德基州，这位中年人推出了一种新型的快餐食品——炸鸡，很快，这种食品适应了人们快节奏高效率的生活方式，开张不到一年，便传遍了整个肯德基州。

为了增加营业范围，这位中年人又扩大了经营渠道，他将人人喜欢吃的面包和炸鸡融合在一起，不仅满足了人们喜欢吃甜食的需求，而且还可以调适人们的品味，真可谓一箭双雕。

现在，肯德基已经遍布全球80多个国家，目前拥有超过9600家连锁店。

这位中年人，就是肯德基的创始人桑德斯上校，说起自己晚来的成功，他只说了一句话：我相信苦难，因为苦难是一种人人敬而远之的味道，但我喜欢将它夹在面包里慢慢品尝。

角度不同，对问题的看法各有所异，有人积极，有人消极。消极思维者只看坏的一面，对事物总能找到消极的解释，最终他们也将得到消极的结果。而积极思维者却更愿意从好的方面考虑问题，并通过自己的努力，得到一个积极的结果。所有这一切正如叔本华所言："事物的本身并不影响人，人们是受到对事物看法的影响！"

当我们战胜了眼前的困难，人生的春天不是就快到来了吗？一个人往往在他最痛苦的时候感到绝望，但这也是孕育着希望的时候，难道不是吗？冬天来了，春天还会远吗？当你最痛苦、最绝望的时候，不要以为这就是人生的末日，这恰恰是新生活开始的前奏。

面对痛苦微笑，生活也会对你微笑

得意也罢，失意也罢，都要坦然地面对生活的苦与乐。假如生活给我们的只是一次又一次的挫折，也没什么的，因为生活并没有夺走我们选择快乐和自由的权利。

心态是我们人生的向导，它指引我们从痛苦中出来。在沉重的打击面前，需要有处乱不惊的乐观心态。冷静而乐观，镇定而坦然。在生活的舞台上，要学会对痛苦微笑，要坦然面对不幸。

已故的爱德华·埃文斯先生，从小生活在一个贫苦的家庭，起初只能靠卖报来维持生计，后来在一家杂货店当营业员，家里好几口人都靠着他的微薄工资来度日。后来他又谋得一个助理图书管员的职位，依然是很少的薪水，但他必须干下去，毕竟做生意实在是太冒险了。在8年之后，他借了50美元开始了他自己的事业，结果事业的发展一帆风顺，年收入达两万美元以上。

然而，可怕的厄运在突然间降临了。他替朋友担保了一笔数额很大的贷款，而朋友却破产了。祸不单行，那家存着他全部积蓄的大银行也破产了。不但血本无归，而且他还欠了1万多美元的债，在如此沉重的双重打击下，埃文斯终于倒下了。他吃不下东西，睡不好觉，而且生起了莫名其妙的怪病，整天处于一种极度的担忧之中，大脑一片空白。

有一天，埃文斯在走路的时候，突然昏倒在路边，以后就再也不能走路了。医生只是淡淡地告诉他：只有两个星期的生命。埃文斯索性把全部都放弃了，既然厄运已降临到自己头上，只有平静地接受它。他静静地写好遗嘱，躺在床上等死，人也彻底放松下来，闭目休息。

时间一天一天过去，由于心态平静了，他不再为已经降临的灾难而痛苦，他睡得像个小孩子那样踏实，也不再无谓地忧虑了，胃口也开始好了起来。几星期后，埃文斯已能拄着拐杖走路，6个星期后，他又能工作了。只不过是以前他一年赚两万美元，现在是一周赚30美元，但他已经感到万分高兴了。

他的工作是推销用船运送汽车时在轮子后面放的挡板，他早已忘却了忧虑，不再为过去的事而懊恼，也不再害怕将来，他把自己所有的时间、精力和热忱都用来推销挡板，日子又红火起来了，不过几年而已，他已是埃文斯工业公司的董事长了。

第三章 心灵自愈力：
你的心灵常常是战场，在这个战场上，理性与非理性一再鏖战

量子论之父马克斯·普朗克的一生并不是一帆风顺的。中年的时候妻子逝世；在第一次世界大战期间，他的长子卡尔在法国负伤身亡；他的两个孪生女儿先后都死于生产。

第二次世界大战中，不幸的遭遇又一次降临到普朗克的头上。他的住宅因飞机轰炸而焚毁，他的全部藏书、手稿和几十年的日记，全部化为灰烬。1944年末，他的次子被认定有密谋暗杀希特勒的"罪行"而被警察逮捕。普朗克虽采取了多方的求助，但依旧没能挽救儿子的性命。

对于这些不幸，普朗克说："我们没有权利只得到生活给我们的所有好事，不幸是自然状态……生命的价值是由人们的生活方式来决定的。所以人们一而再、再而三地回到他们的职责上，去工作，去向最亲爱的人表明他们的爱。这爱就像他们自己所愿意体验到的那么多。"

一个人的坦然，是一种生存的智慧，生活的艺术，是看透了社会人生以后所获得的那份从容、自然和超然。

一个人要能自在、自如地生活，心中就需要多一份坦然。笑对人生的人比起在曲折面前悲悲戚戚的人，始终坚信前景美好的人较之脸上常常阴云密布的人，更能得到成功的垂青。

面对不幸和困境，如果能够平静而理智地对待它、利用它，往往能够收获好的结局。相反，那些始终试图改变既成事实的人，虽然看起来很辛苦、很努力，其实他们的内心倒可能是软弱的：他们无法说服自己接受不幸和困境，他们选择了欺骗自己。

当坚强成为一种习惯，便没有痛苦可以将你羁绊

"当灵魂迷失在苍凉的天和地，还有最后的坚强在支撑我身体，当灵魂赤裸在苍凉的天和地，我只有选择坚强来拯救我自己。"有时候，你真的不得不坚强，因为如果你不坚强，没人会替你勇敢。

陈丹燕老师在《上海的金枝玉叶》中描写了这样一个美丽的女子——郭婉莹（戴西），她是老上海著名的永安公司郭氏家族的四小姐，曾经锦衣玉食，应有尽有。时代变迁，所有的荣华富贵随风而逝，她经历了丧偶、劳改、受羞辱打骂、一贫如洗……一度甚至沦落到在乡下挖鱼塘清粪桶，但那么多年的磨难并没有使她心怀怨恨，她依旧美丽、优雅、乐观，始终保持着自尊和骄傲。她有着喝下午茶的习惯，可是家中早已一贫如洗，烘焙蛋糕的电烤炉没了多年，怎么办？这些年她一直自己动手，用仅有的一只铝锅，在煤炉上烘烤，在没有温度控制的条件下，巧手烘烤出西式蛋糕。就这样，几十年沧桑，她雷打不动地喝着下午茶，吃着自制蛋糕，怡然自得，浑然忘记身处逆境，悄悄地享受着残余的幸福。

这就是坚强，一种生活的态度，淡定而从容。生活就是这样，

第三章 心灵自愈力：
你的心灵常常是战场，在这个战场上，理性与非理性一再鏖战

有时意料之中，有时意料之外。不过悲也好，喜也好，你都得活着，都要面对，等你的年龄到了足以有资格回味往事之时，你会发现，那正是你的人生。而这一路陪你走来的，不是金钱、不是欲望、不是容貌，恰恰就是你那颗坚强的心。

也许你有些害怕，于是你不想长大，但很多我们不想经历的，终究还是要经历，长大了就是长大了，就要承受很多东西。人生，从来都是苦大于乐、福少于难的，你得学会苦中作乐，因为如果你不坚强，没人替你勇敢。

或许，如果可以，你更愿意每天随心所欲，不用早起，不用在地铁上拥挤，不必看着老板的脸色，在遭遇挫折以后，不用"在哪里跌倒就在哪里站起"，是的，如果可以，你更愿意蹲下来怀抱双膝，慢慢疗伤……可是，人生没有如果，即使有一千个理由让你黯淡消沉，你也必须选择一千零一次的勇敢面对，因为你不坚强，没人替你勇敢。

有时候，看似好友成群，每天的哥们儿义气、姐妹情谊，可真到了关键时刻，能帮得了自己的却不见一人。所以做任何事情，不要总想着依靠别人，凡事还得靠自己，因为如果你不坚强，没人替你勇敢。

暴风雨之夜，一只蝴蝶被打落在泥中，它想飞，它拼命挣扎，可是风雨太大，心有余而力不足。在无数次努力失败以后，它大概打算放弃了，这时，一缕阳光射来，映照着它美丽的翅膀，它再一次选择了坚强，经过一次次试飞，它终于挣脱了泥潭，挥动着仍带有泥点的翅膀，在阳光中散发着七彩的光芒。蝴蝶永远知道：如果

它不坚强，没人替它勇敢。

人生的绽放，需要你的坚强，没了坚强，你会变得不堪一击，只有经历地狱般的折磨，才会有征服天堂的力量，只有流过血的手指，才能弹出人世间的绝唱！

坚强，显然已经成为一种世界的、民族的趋势，从生存到竞技，从灾难到救援，几乎每一个人都在以乐观、进取来表达着坚强，小到一个人，大到一个国家，都在不停地努力付出，一天天让自己变得更好。

坚强，其实就是一种自然而然的生活态度。

当每天的坚强成为一种习惯，我们便不会再抱怨天地，你会发现生活不过就是那么一回事，有无奈、有愤恨、有不公、有苦痛，用坚强去面对，它们根本不值一提，不过是生命中的一个插曲。

不必逆来顺受，但要学会顺其自然

在很多时候，我们很多人都会这么想，如果我能够出生在一个富贵的家庭就可以衣食无忧了；如果我能够再漂亮一点儿，那么我喜欢的那个男孩子说不定就会看上我了；如果我积累的资金再多一些，那么我就可以开公司了……可是在生活当中并没有这么多的

第三章 心灵自愈力：
你的心灵常常是战场，在这个战场上，理性与非理性一再鏖战

假设。面对这么多的不圆满，我们总是在生活的各种困扰当中挣扎不已。

既然事实已经成为定局，我们唯一能够做的就是把现在作为新的起点，总结经验，储蓄力量，等待好的时机，相信自己可以在不久的将来实现梦想。不要用消极的心态去报复、去等待。对那些自己力所不能及的事情进行太多的关注反而是在浪费时间，耗费不必要的精力。

面对不可改变的事实，诗人惠特曼曾经这样说道："让我们学着像树木一样顺其自然，面对黑夜、风暴、饥饿、意外等挫折。"这不是所谓的逆来顺受，也不是不思进取，而是一种积极的人生态度。

在不能够更改的事实面前，只一味地想着如何回到过去，这是一种非常愚蠢的做法。冥子在文章《生命的美丽》中曾经写下了这样一段话："并不是每个人都有反抗命运的能力，如果无力反抗，那么，安然坦然地接受命运的安排，自在自得地度过每一天，不也是一种力量的体现吗？"

在荷兰首都阿姆斯特丹一座15世纪教堂的废墟上面刻着这样一行字："事情是这样，就不会是别的样子。"是的，在我们的生活当中，每个人都会碰到一些令人不快，甚至是痛苦的事情，它们既然是这样，那么就不可能是别的样子，但是我们也可以有所选择。我们可以把它们当作是一种不可避免的事情加以接受，并且适应它；或者干脆就让忧虑和抱怨毁掉我们的生活。

哲学家威廉·詹姆斯说："要乐于承认事情就是如此，能够接受

发生的事实，就是能够克服随之而来的任何不幸的第一步。"这其实也就要求我们心理上有一个相应的承受力，或者说是锻炼自己健全的心理素质从而做到坦然地接受。

　　人是无法改变不幸或者厄运的，要学会接受不可改变的现实。接受事实是克服任何不幸的第一步，即使我们不接受命运的安排，也不能改变事实的分毫。我们唯一能够改变的只有自己的心境。

第四章 性格自愈力：
一个人失败的原因，在于自身性格的缺点，与环境无关

俗话说"江山易改，禀性难移"，事实上这种说法是片面的，性格有一小部分是天生，却有很大一部分是经过后天塑造而成的。艰难困苦，玉汝于成，自古雄才多磨难；生于忧患，而死于安乐，是智者与愚者的不同命运。塑造性格的主动权不在命运手中，而在每个人自己的手中。

1. 有人不太看重自己的力量，这就是他软弱的原因

人应该谦逊，但不能自卑。自卑往往伴随着懈怠。它是前进道路上的绊脚石，可以使一个人的积极性与能力大大降低。虽然偶尔短时间地滑入自卑状态是正常现象，但长期处于自卑之中就是一场灾难了。

轻视自己，是性格上最大的软弱

周群出生在一个偏僻的小山村，父母都是老实巴交的农民。他从小就受了不少欺负，因为家里穷，他总是忍气吞声。但他脑子聪明，又刻苦用功，终于考上了大学。按理说，他应该可以扬眉吐气了，可是没有，相反，他那种自卑心理、封闭意识更严重了。他比较自己和周围人的衣着打扮、生活用具、家庭状况之后，得出

第四章 性格自愈力：
一个人失败的原因，在于本身性格的缺点，与环境无关

一个结论：自己的一切都不如他人，自己家乡的一切都不如他人，自己不好意思，甚至不配与他们一起谈话、做事。于是，他从不主动与同学们说话，总是低着头走路、蒙着头睡觉。班里、系里组织的文娱、体育活动，他能逃避尽量逃避，不能逃避则蹲角落、排队尾，他唯一的想法是不进入同学们的视野。他总觉得，人家的目光充满对他的挑剔、讽刺、挖苦、嘲笑。

一次，班里组织元旦联欢晚会，他去了。在进行击鼓传花表演节目时，他坐在角落里局促不安，非常紧张。当鼓点在他那里停止时，他窘迫得面色苍白，尴尬难堪了一阵后，冲出了教室，眼泪在眼眶里打转。另一次，班里中秋节聚餐，同学们都兴致勃勃、兴趣盎然。当大家为全班同学的友谊干杯时，竟发现他不在。班长回宿舍一看，他正把头蒙在被子里抽泣。周群的孤独，同学们都看在眼里，但是他以强烈的自卑心理和封闭意识，拒人于千里之外。于是，随着时间的推移，没有人觉得他奇怪，虽哀叹其不幸，但没有人再主动找他说话、帮助他。他总唉声叹气、愁眉苦脸、极端消沉，对任何事没有一点兴趣。随着课程的加重、心理负荷的加重，周群终于在大学二年级下学期，精神崩溃了。那个学期期末考试，他好几科不及格。按照学校规定，应该留级。这对本来心理压力就很重的他来说，无异于伤口撒盐。他得知这一消息后，坐立不安，茶饭不思，当天夜里，他失踪了。最后，人们在学校后面的湖里发现了他的尸体。他背着一大口袋石头跳湖自杀了。

自卑就像一条啮噬心灵的毒蛇，不仅吸食心灵的新鲜血液，让人失去生存的勇气，还在其中注入厌世和绝望的毒液，最后让健康

的机体死于非命。

在人生崎岖的道路上，自卑这条毒蛇随时都会悄然出现，尤其是当人劳累、困乏、迷惑时，更要加倍警惕。偶尔短时间地滑入自卑的状态是很正常的现象，但长期处于自卑之中就会酿成一场灾难了。自卑的根源在于过分低估自己或否定自我，过分重视他人的意见，并将他人看得过于高大而把自我看得过于卑微。

只有控制住自卑心态，人们才敢于积极进取，成为一个有主动创造精神的人；才能开拓事业的新局面，为成功打下坚实的基础；也才会有积极的人生态度，活得开朗、开心；才会勇于承担责任，成为一个有责任心的人。而任何一个在事业上有所作为的人，都是有责任心的人。只有摒弃自卑，才会在平时积极思考；才会积极跨越各种各样的障碍，成为一个不怕困难的人；才会积极主动地去结交新朋友，改善和老朋友的关系。

自卑所造成的问题是不论你有多么成功，或是不论你有多么能干，你总是想证明自己是否真的是多才多艺。换言之，很多人都倾向于为自己设定一个形象，而不肯承认真正的自我是什么。

举个例子来说，如果你一直希望自己成为特别苗条的人，总是担心自己瘦不下来，每次在量腰围时你就会担心，而完全忘了你的身体正处在最佳的健康状态。

你总是把自己认为的劣势时刻放在脑子里，提醒自己的不足，并把这些不足与他人的优势相比较。因而，越比越觉得自己不如他人，越比越觉得自己无地自容，从而忽略了自身的优势，打击了自信心。

第四章　性格自愈力：
一个人失败的原因，在于本身性格的缺点，与环境无关

假如让自卑控制了你，那么，你在自我形象的评价上会毫不怜悯地贬低自己，不敢伸张自我的欲望，不敢在他人面前申诉自己的观点，不敢向他人表白自己的爱情，行为上不敢挥洒自己，总是显得很拘谨畏缩。同时，对外界、对他人，特别是对陌生环境与生人，心存一种畏惧。出于一种本能的自我保护，便会与自己畏惧的东西隔离和疏远，这样便将自己囚禁在一个孤独的城堡之中了。假如说别的消极情绪可以使一个人在前进路上暂时偏离目标或减缓成功的速度，那么一个长期处于自卑状态的人根本就不可能有成功的希望，甚至已有的成绩也不能唤起他们的喜悦、兴奋和信心，只是一味地沉浸在自己失败的体验里不能自拔，对什么都不感兴趣，对什么都没有信心，不愿走入人群，拒绝别人接近。

世界上有大多数不能走出生存困境的人，都是由于对自己信心不足，他们就像一棵脆弱的小草一样，毫无信心去经历风雨，这就是一种可怕的自卑心理。

自卑者习惯妄自菲薄，总是感觉己不如人，这种情绪一直纠结于心，结果丧失了原有的人生乐趣，烦恼、忧愁、失落、焦虑纷至沓来；自卑者无论是对工作还是对生活，都提不起兴趣，他们万念俱灰，失去了斗志，失去了进取的勇气；自卑者一旦遭遇挫折，更是怨天尤人、自怨自艾，一味指责命运的不公；自卑者格外敏感，缺乏宽广的胸怀，往往别人一个不经意的举动，就会戳痛他们的神经，以为别人在轻视自己、在侮辱自己。遗憾的是，他们从未仔细想想——你都看不起自己，为何还要要求别人高看你？

也许很多人会说："我相信自己！"那么你真的相信自己吗？当

困难、挫折、讽刺、白眼接踵而至时，你真的能够做到无动于衷、固守心中的自信吗？事实上，很多人都做不到。

诚然，每个人都有失意之时。那么，当我们感到痛苦、感到困惑、感到失望时，我们何不唤起潜在的力量，不低头、不抛弃、不放弃、不卑不亢地挑战痛苦根源，将痛苦转化为一种动力，让失意变成快意，用行动去赢得别人的尊重呢？

只有自尊与自信，才能让我们感觉到自己的能力

据说拿破仑亲率军队作战时，同样一支军队的战斗力便会增强一倍。原来，军队的战斗力在很大程度上基于兵士们对于统帅的敬仰和信心。如果统帅抱着怀疑、犹豫的态度，全军便要混乱。拿破仑的自信与坚强，使他统率的每个士兵都有着极强的战斗力。

如果有坚强的自信，往往能使平凡的男男女女，做出惊人的事业来。胆怯和意志不坚定的人即使有出众的才干、优良的天赋、高尚的品格，也终难成就伟大的事业。

一个人的成就，绝不会超出他自信所能达到的高度。如果拿破仑在率领军队越过阿尔卑斯山的时候，只是坐着说："这件事太困难了。"可以肯定，拿破仑的军队永远不会越过那座高山。所以，无论

做什么事，坚定不移的自信力，都是达到成功所必需的和最重要的因素。

坚强的自信，便是走向成功的源泉。不论才干大小、天资高低，成功都取决于坚定的自信力。相信能做成的事，一定能够成功。反之，不相信能做成的事，那就绝不会成功。

有许多人这样想：自己天生就不是做大事的人，自己就没有享福的命。有了这种卑贱的心理后，当然就不会有多大的成就。许多青年男女，本来可以做大事、立大业，但实际上竟做着小事，过着平庸的生活，原因就在于他们自暴自弃，他们没有远大的理想，不具有坚定的自信。

与金钱、权势、出身、亲友相比，自信是更有力量的东西，是人们从事任何事业最可靠的资本。自信能排除各种障碍、克服种种困难，能使事业获得巨大的成功。

用自己看待自己的眼光来评价我们自己，我们认为自己有多少价值，就不能期望别人把我们看得比这更重。一旦我们踏入社会，人们就会从我们的脸上、从我们的眼神中去判断，我们到底赋予了自己多高的价值。很多人都相信，一个走上社会的人对自己价值的判断，应该比别人的判断更真实、更准确。

从道德的方面看，去相信那些充满自信的人，也是一种保险的做法。如果一个人开始怀疑自己的正直诚实，那么，这离别人对他产生怀疑也为时不远了。道德上的堕落，往往最先在自己身上露出征兆。

德国哲学家谢林曾经说过："一个人如果能意识到自己是什么样

的人，那么，他很快就会知道自己应该成为什么样的人。让他首先在思想上觉得自己的重要，很快，在现实生活中他也会觉得自己很重要。"

对一个人来说，重要的是我们要能够说服他相信他自己的能力，如果做到这一点，那么他很快就会拥有巨大的力量。

"固然，谦逊是一种美德，人们越来越看重这种品质，"匈牙利民族解放运动的领袖科苏特说，"但是，我们也不应该轻视自立自信的价值，它比其他任何个性因素都更能体现一个人的气概。"

英国历史学家弗劳德也说：:"一棵树如果要结出果实，必须先在土壤里扎下根。同样，一个人也需要学会依靠自己，学会尊重自己，不接受他人的施舍，不等待命运的馈赠。只有在这样的基础上，才可能做出任何知识上的成就。"

"依靠自己，相信自己，这是独立个性的一种重要成分，"米歇尔·雷诺兹说道，"是它帮助那些参加奥林匹克运动会的勇士夺得了桂冠。所有的伟大人物，所有那些在世界历史上留下名声的伟人，都因为这个共同的特征而同属于一个家庭。"

只有自信与自尊，才能够让我们感觉到自己的能力，其作用是其他任何东西都无法替代的。而那些软弱无力、犹豫不决、凡事总是指望别人的人，正如莎士比亚所说，他们体会不到也永远不能体会到，自立者身上焕发出的那种荣光。

第四章 性格自愈力：
一个人失败的原因，在于本身性格的缺点，与环境无关

自信的性格是成功的第一秘诀

　　自信是一种积极的性格表现，是一种强大的力量，也是一种最宝贵的资源。在人生的旅途上，是自信开阔了求索的视野；是自信，催动了奋进的脚步；是自信，成就了一个又一个梦想。可以说，没有自信，梦想只会是海市蜃楼；没有自信，生命只会是灰色基调；没有自信，再简单的事都会被认为是跨越不过去的障碍。须知，在生命的长河中，有顺境，也有逆境；有成功的喜悦，也有失败的苦涩。并且，通往成功的道路，绝不会是一帆风顺的，有时会荆棘丛生，甚至会出现断崖。这时，更需要自信心作为我们精神的支柱，否则，成功将与我们无缘。

　　迈克尔·乔丹是世界上最伟大的篮球明星，但是，你能想到吗？在高中的时候，迈克尔·乔丹曾经是篮球队的落选者。他跑去问为什么没被录取，教练说："第一，你的身高不够；第二，你的技术太嫩了。你以后不可能进大学打篮球。"他对教练说："你让我在这个球队练球吧，我愿意帮所有的球员拎球袋，帮他们擦汗，我不需要上场，我只求我能跟球队练球，能有跟他们切磋球技的机会。"教练看到这个人如此热爱篮球，就答应了他的要求。比赛一完乔丹

真的去为别的球员擦汗。

全世界最伟大的篮球明星就是这样从"跑龙套"开始的。

一个人有了自信，才能克服种种艰难，才能充分发挥自身的才智，从而在事业上做出伟大的成就。

自信有多大，一个人的成就就有多大；人的成就，绝不会超出自信所达到的高度。拿破仑在率领军队越过阿尔卑斯山的时候，面对着严寒冷峻的高山，如果他首先怯下阵来，那么，他的军队永远也不会越过那座高山。所以，坚定不移的自信心是一切成功之源。

有一次，一个士兵骑马送信给拿破仑，由于马跑得太快，在到达目的地之前猛跌了一跤，那马就此一命呜呼。拿破仑接到信后，立刻写了回信，交给那个士兵，吩咐士兵骑自己的马，迅速把回信送走。

士兵看到这匹骏马非常强壮，身上的装饰无比华丽，便说："不，将军，我只是一个默默无闻的士兵，实在不配骑这匹华美强壮的骏马。"

拿破仑则严肃地告诉他："世上没有一样东西，是法兰西士兵所不配享有的。"

像上述这个法国士兵心态的人，世界上到处都有，他们以为自己的地位太低微，自己太不起眼，别人所有的种种幸福，是不属于自己的，自己是不配享有的，以为自己是根本不能与那些伟大人物相提并论的。这种自卑自贱的观念，往往成为不求上进、自甘堕落的主要原因。

自信的性格对于立志成功者具有重要意义。有人说，成功的欲望是创造和拥有财富的源泉。人一旦拥有了这一欲望并经由自我暗示和潜意识的激发后形成一种信心,这种信心便会转化为一种"积极的感情"。它能够激发潜意识释放出无穷的热情、精力和智慧,进而帮助其获得巨大的成就。

即便遭到别人质疑,你也要相信自己

李白在屡受挫折后,发出这样一声长啸:"天生我材必有用,千金散尽还复来!"很多人朗读此句时,都能感受到诗人那无尽的豪迈与自信,同时也会带着些许的自我安慰。其实正如李白所言,每个人来到世界上,都会有其独特之处,都会存在其独特的价值。由此可以说,每个人在世界上都是独一无二的,每个人都有其"必有用"之才。只是,也许有时才能藏匿得很深,需要我们全力去挖掘;有时我们的才能又得不到别人的认可……但我们绝不能因此否认自己的才能,更不能因为生活中的挫折、失败而怀疑自己的能力,就此失去信心,一蹶不振。

纵览古今中外,你会发现,很多知名人士都曾有过与你一样的痛苦经历——他们亦曾被老师、同事,甚至是家人所阻挠,众人否定他们的才能,断言他们绝不可能做成自己想做的事。但是,他们对自己的才能从未有过一丝怀疑，他们矢志不移地坚持着，最终将自己的才能发挥得淋漓尽致。

达尔文的父母希望儿子成为神父，可达尔文热衷于生物，他令父母失望了，但他始终坚持自己在生物方面的过人才能。他找到了自己正确的位置，终于写下了不朽的名著《进化论》。试想，倘若他唯父母之命是从又会怎样？

当艾利斯·赫利还是一个不出名的文学青年时，4年内平均每周他都会收到一封退稿信。后来，艾利斯几欲停止《根》这部著作的撰写，自暴自弃。他感到自己壮志难酬、空负其才，于是准备跳海轻生。当他站在船尾、面对滚滚浪涛时，突然听到所有已故亲人都在呼唤："你要做自己该做的，因为我们都在天国凝视着你，不要放弃！你行的，我们期盼着你！"几周以后，《根》这部著作终于完成了。

1905年，阿尔伯特·爱因斯坦的博士论文被波恩大学"打了个大大的叉"。原因是——论文离题且通篇奇思怪想。爱因斯坦为此感到沮丧，但并没有丢掉信心。

伍迪·艾伦——奥斯卡最佳编剧、最佳制片人、最佳导演、最佳男演员、金像奖获得者，他在大学时英语竟然不及格。

利昂·尤利斯，作家、学者、哲学家，却曾3次没有通过中学的英文考试。

美国著名画家詹姆斯·惠斯勒曾因化学不及格而被西点军校开除。

"篮球之神"迈克尔·乔丹曾被所在的中学篮球队除名。

第四章 性格自愈力：
一个人失败的原因，在于本身性格的缺点，与环境无关

温斯顿·丘吉尔被牛津大学和剑桥大学以其文科太差而拒之门外。

……

事实证明，即使是如今已被公认的天才，曾几何时也曾遭到众人的质疑，也曾受到过各种打击。值得庆幸的是，他们没有被打击、被挫折、被失败所折服，他们始终相信自己的能力。也正因如此，他们才能取得令人仰视的成就，才将自己的名字深深刻在了历史的丰碑之上！

然而，我们之中的一些人却常常在遭遇失败以后开始自我贬低、自甘堕落，甚至逢人便说自己是个废物。这真的很不应该。要知道，没有人是废物，更何况即便是所谓的废物也是有它自身的利用价值的，将废物合理利用，不是同样可以变废为宝吗？记住李白的那句诗："天生我材必有用！"这绝不是失望后的自我慰藉，这其中饱含对自我、对个人价值的绝对肯定，这又是何等的自信！

我们需要在自己的心中激起这份豪迈，这就要求我们务必做到以下两点：

① 绝不用世俗的眼光看待自己

世界是一个多角度的球体换一个角度，或许我们就可以找到自己的人生焦点。请永远相信"天生我材必有用"，在拼搏奋斗中实现自己的价值。

② 绝不要自暴自弃

无论我们目前处于怎样的低谷，都不要放弃自己。要相信自己，我们既然来到这个世界上，就是带着某种使命的，就是有一定道理

的，而绝不仅仅是为了吃喝拉撒睡。

即便你是一个清洁工，也不要认为自己的工作有多低贱，你完全可以向着世界呐喊：没有我们，地球会变得何等肮脏！无论你从事哪一行业，都不要轻贱自己。你要记住，除了心的贵贱以外，身份是没有贵贱之分的，每个人从事着不同的工作，都是在为这世界做贡献，只是各人分工有所不同而已。

毫无疑问，这世界上的每一个人，乃至一草一物都有着自己的价值，即使是一片落叶，也承担着"化作春泥更护花"的责任；就算是一只无脚鸟，也在履行着飞翔的义务；哪怕是一个漂泊在外的游子，也是在为自己的前途、自己的亲人奔波。事实上，根本没有人是多余的，也没有人是废物，只是能力不同，所以责任不同而已。一如李白所言——"天生我材必有用，千金散尽还复来"！

做一个更了不起的人

我们几乎随处都能见到这样的人，他们一生都做着简单而平常的事，他们似乎也因此就满足了，实际上他们完全有能力做一些更难更复杂的事，但他们不相信自己能胜任。

很多人没有足够的进取心来开创伟大的事业，因为他们的期望

第四章 性格自愈力：
一个人失败的原因，在于本身性格的缺点，与环境无关

值很低，因此，不可能从一点一滴做起开创一项伟大的事业。生活目标的狭隘限制了他们确立宏大的进取心。

米开朗基罗在写给拉斐尔工作室中的一幅精巧塑像下的一句话便是"做一个更了不起的人"。

正是雄心壮志使得美丽的人生有了可靠的基石，它督促我们去完成目标，帮助我们抵抗那些足以毁灭我们前途的诱惑。

假如人类没有创造世界和改进自身条件的雄心壮志，世界将会处在多么混沌的状态啊！

与为了实现雄心壮志而进行的持续努力相比，没有什么东西可以如此地坚定我们的意志。它引导我们的思想进入了更高的境界，把更加美好的事物带进了我们的生命。

歌德说："人的一生中最重要的就是要树立远大的目标，并且以足够的才能和坚强的忍耐力来实现它。"

有什么比追寻生命价值更高尚的理想呢？在雄心壮志的激励下，失败几乎是不可能的。在不同的文明下，人们的理想也不同。一个人或一个国家的理想与其现实条件和未来发展潜力是相关的。

在人的一生当中，总会遇到各种困难与挫折，在这种情况下，要勇敢地对自己说声"我能行"！

每个人都渴望得到成功，但是在成功路上总会充满荆棘，假若你放弃，那么，你永远不会成功。只有不断地坚持，告诉自己我能行，那么你一定有一天会取得成功。

要想成功，必须具备的条件是：欲望以提升自己，毅力以磨平高山，以及相信自己一定会成功。永远地相信自己，这不是说说那

么简单的。假若你真的做到了，那么你离成功已经不远了。

无论遇到什么样的困难或危机，只要你认为你行，你就能够处理和解决这些困难或危机。对你的能力抱着肯定的想法，就能发挥出积极的力量，并且由此产生有效的行动，直至引导你走向成功。

自我发掘的决心，自我依靠的习惯，可以让你变得越来越强大。拐杖是为跛足者准备的，而不是为强壮的年轻人所准备的，无论是谁，假如企图依靠精神上的拐杖走过人生，他一定不会走得很远，他也绝不会成为一个伟大的成功者。

世界上有且只有一个人能够左右你的成败，这个人就是你自己。只有你自己，才能真正支持你迈向成功之路。

真心喜欢你自己

假如说把世界上的芸芸众生，硬分成两种人，你会怎样给他们分类呢？

其实，不论你用什么方法分类，世界上都不止两种人。不过，假如硬要分成两种人，那世界上真的就只有两种人了，那就是喜欢自己的人和不喜欢自己的人。

根据这个标准分类，恐怕有一大堆人要挤在不喜欢自己的那一

第四章　性格自愈力：
一个人失败的原因，在于本身性格的缺点，与环境无关

边，只有很少的人能够开心地举手说："我喜欢自己。"

不喜欢自己的人，总有一箩筐的理由：我太矮、我有青春痘、我不擅长交际、我的学问不好、我家境清寒、我父母不体面……

而喜欢自己的人，却不一定说得出多么冠冕堂皇的理由。他们喜欢自己，并不盲目，他们不相信自己是十全十美，反而清楚地认识到自己和其他人一样，具有很多缺点。只不过，他们愿意接受自己的一切，所有的优点和缺点，不企图掩饰，不刻意改变，当然，更不会痴妄地羡慕他人。

喜欢自己，是快乐的起点。

人，天生不平等，有美丑胖瘦、高矮贫富，但是也有公平的一面，所有的好条件与所有的坏条件，都不会同时集中在一个人的身上。仔细思索，美丽的人或许太懒惰，以致一事无成；而能干的人可能过于操劳，损害了身体；富有的人纵情声色，未必能保有美满的家庭；有学问的人自律严谨，说不定也会失去发财的机会。这样想来，人人都有所得，却也不自觉地失去了什么。

最快乐的人，是了然于人生的不完美，却又能在这不完美中，珍惜自己所拥有的一切。

"求全"本是人性的通病，拥有一份好工作，还希望能够赚取更多的钱财；拥有理想的婚姻，又盼望事业飞黄腾达；一旦做了富翁，又恨不得在报纸杂志频频露脸，出尽风头；更有人，事业、财富、婚姻、爱情等，所有的好东西都想全掌握在自己的手中。

殊不知，十全十美本来不是自然界的规律，月亮圆了会缺，春花开罢即谢，春去冬来四时运转不息，不曾为任何一个美好的时刻

所羁绊。

人生也难求绝对的圆满，际遇有时顺有时逆，财富来时有如巨浪涌到，去时又如退潮的海滩，爱情、婚姻、事业既难样样美好，更难时时顺心。

生活在这样坎坷的命运里，难怪有很多人要怨天尤人，落入愤懑不平的行列中，对自己所拥有的一切百般挑剔，整天笼罩在不快乐的阴影之下。

只有喜欢自己的人才知道，快乐的秘密不在于获得更多，而在于珍惜已有。能深刻检点自己所拥有的幸福，就会明白，其实人人都蒙恩宠，享有莫大的福气。

没有人能确切明白自己是不是真的受人欢迎，可是每一个人都可以扪心自问：我是不是喜欢自己？

心理学家凯特发现，要让他人喜欢真正的你，就应该培养喜欢自己的特质。或许你会感到十分惊讶，因为一般人认为可以吸引人的美貌、魅力、人际关系等，并不是你需要具备的特质。

这个世界上有很多人生来既不美丽，也不富有，可是却能受到朋友的喜爱，最重要的道理是：他们真心喜欢自己。

假如你能接纳心理学家凯特的建议，或许你也能轻易成为一个喜爱自己的人。

学习一个人独处的方法，不论一个人的年龄是大是小，能否面对孤独，正是对个人成熟度的最佳考验。成熟的人拥有独立的自我，不需要时时刻刻依赖他人，即使在孤独时，也能够坚强地妥善处理，流露出成熟的自信。而这种成熟与稳定的个性，正是一个人接纳自己、相信自己的象征。

必须将每个人当成不同的个体,我们往往在还没有清楚地认识一个人之前,就主观地先下结论:这个人一定很顽固,这个人恐怕不好相处,这个人说不定很挑剔……这些先入为主的印象,往往阻碍了我们去认清人们的本来面目。

因此,抛开成见,学习去看清他人真实的一面,可以为我们自己赢得更多可贵的朋友。

挖掘快乐之源,快乐要自己找,它不会从天上自动掉下来。生活中有很多让人快乐的事物,你都可以去发掘。学习一种外国语、和朋友分享新的思想、去运动、参加有意义的社团、抽空去度假,这些快乐的途径,所费不多,却需要你运用智慧去享受。只会坐着抱怨生活枯燥,没有积极为自己创造快乐,那么很快你就会变成一个令人讨厌的人了。

不要讽刺他人。冷嘲热讽,不仅不能证明自己的聪明,反而暴露了自己是一个气度狭窄、自大又无能的人。

贬低他人不等于抬高自己。真正受人尊敬的人,懂得认识每一个人的价值,不会轻易毁坏他人的名誉,而这种尊重人的性格,更是对自己有信心的表现。

对你很重要的事,即使他人不合作,你也要坚持到底。轻易妥协、随便放弃理想的人,或许表面看来处处都很和气,可是这种丝毫没有个性的人,往往不能得到人们由衷的佩服与喜爱。自认为值得争取的事,一定全力以赴,这样才能肯定自我的价值,进而喜欢自己的所作所为。

应努力增强感情的力量。冷淡自持，固然可以保护自己，可是与人交往，能用真心投入，产生同喜同悲的感受，这才是真正深厚的感情。不要怕流露感情，相反地，要更努力培养正确的方法，来表达自己内心深处的感情。

学习如何给朋友支援。自私自利的人，很难感受到人情的温暖。只有肯付出友情，肯帮助他人，乐于与人分享喜悦也分担忧愁，才能体会到人生的美好。

使用原则来观察自己的人生。你是宇宙的唯一，有你自己的人生原则。你不需要模仿他人，也不必要扭曲自己。李四的帽子戴在张三头上，未必合适，你的人生也只有遵循你独特的原则，才会活得快乐，活得精彩。

喜欢自己，其实很简单。你无须换上漂亮的衣服，变副讨人喜欢的面孔，说些迎合他人的言语，只要你静下心来，学习看重他人，看重自己，培养成熟独立的个性，你就向"喜欢自己"这个目标迈进了一大步。

谁是这个世界上最重要的人呢？

答案当然是：自己。

你在忙着想赢得整个世界的肯定之前，别忘记先讨好最重要的一个人——学会喜欢自己，接纳自己吧。

2. 人多不足以依赖，要生存只有靠自己

依附是将自我彻底埋没，在经营人生的过程中，它是一场削价行为。生命之本在于自立自强，人格独立方能使生命之树常青。依附他人而活，就算一时能博得个锦衣玉食，也不会一世安枕无忧，一旦这个宿主倒下，你的人生就会随之轰然倒塌。

依赖是对人生的一种束缚

依赖是对生命力的一种束缚，如果处处借助他人的力量帮助自己达成目的，那就好比建在沙滩上的大厦，没有坚实的基础，一阵海浪过来，就会毁于一旦。

人生道路需要我们自己用脚去行走，没有谁会一直甘心做你的支撑。无论是工作还是生活，谁会跟随你一生？谁会跟你形影不离？只有你自己。其实，每个人都可以成为自己的主宰，每个人也都应该成为自己的主宰，当人生迷失方向之时多问问自己："我该怎

么办？我能怎么办？我会怎么办？"在你能对这些问题作出精确判断并着手进行解决时，你就是自己的主宰了。

有一个年轻的农村小伙子，他很厌恶那种面朝黄土背朝天的生活。于是，他丢弃了原先的田地，独自来到城市闯荡。然而，他既没有学问，也没有技术，又好高骛远，所以几个月过去了，他始终没有找到一份合适的工作，而身上带的钱又花光了，最后不得不沦为了乞丐。

一天，已沦为乞丐的他听人说，城里住着一位大师，只要诚心去拜访他，他就能给你一个改变命运的秘诀。

于是，小伙子四处打听，终于找到了那位大师。小伙子来到大师家里，大师并没有因为他是乞丐而轻待他。相反，还礼貌地请他入座，并亲手给他倒上了一杯茶。然后，大师才微笑着问："我有什么能够帮助你的吗？"

小伙子十分感激大师的尊重，连忙说："您能告诉我一个改变命运的秘诀吗？我想变得富有起来。"

听完，大师略带疑惑地问："那你能告诉我，你为什么会沦为乞丐吗？"

这个小伙子顿感无比羞愧，他低下头喃喃说道："因为我厌倦了耕种，希望在城里找到一条发财的路子，然而一切并非我想象的那样简单。"

大师不解地问："那你现在为什么不回到家里，重新开始呢？"

小伙子嗫嚅道："现在我都沦为乞丐了，还有什么面目回去呢？多丢人啊！"

202

第四章 性格自愈力：
一个人失败的原因，在于本身性格的缺点，与环境无关

大师又问："那你现在家里还有什么呢？"

小伙子回答说："除了我这个人！就是几亩早已荒芜的土地了。"

此时，大师点了点头，说道："这两个条件足以使你改变命运了。你回家去吧。"

然后，大师递给小伙子一包花籽，解释道："等你拉一马车花瓣来，我可以告诉你一个炼金的秘诀，而花瓣就是炼金所必需的引子。"

小伙子千恩万谢地离开了大师的居所，毫不犹豫地回到了乡下。他不知疲劳地劳作，那些荒芜的土地重新被开垦起来。然后，他把大师交给他的那些花籽播种在里面。

第一年，他只采得了一竹篓花瓣，因为他留下了大半花朵任其成熟结籽。然后，继续扩大栽种。

第二年，他采集了满满一大马车晒制好的花瓣，来到城里。他再一次找到了大师，恳求说："炼金的引子，我已经弄来了，您可以告诉我秘诀了吗？"

大师看着那一马车晒制好的花瓣，颇为惊讶地说："这就是你炼出的金子呀！"

原来，这些花瓣是一种名贵的中药材。大师让他卖给城里的一些药铺。那些药铺见农夫栽种的药材成色好，而且价格还便宜，纷纷与他签订供货合同。

临走时，小伙子拿出很多钱来欲送给大师，却被大师谢绝了。

小伙子异常感激地说："谢谢您，是您改变了我的命运，您是我的大恩人啊！"

大师却微笑着摇了摇头说："不要谢我，感谢你自己吧！如果你

不肯付出努力，谁又能救得了你呢？"

　　这个世界上，很多人就像那个小伙子一样，一心等待别人的帮助，以为只有借助外力，才能够改变自己"悲惨"的命运。一如一些鱼儿，只是随波逐流，等待大自然的赐予，赐予它们丰盛的食物，以及全新的、安定的生活，可是它们等到的，却是沙滩上的搁浅，无力进退，生命风干。然而还有另一些鱼儿，它们一直在尝试改变命运，或是逆流而上跃过龙门，或是强化自己成为霸主，它们，才是大海真正的主人。

　　同样，你才是自己的救世主，如果你不肯付出努力，谁又救得了你？所以，当你自以为困难重重的时候，不要一直啜泣等待救世主的出现，因为你完全有能力改写自己的命运，你可以顽强地活下去，而且会活得更好。事实上，这个世界根本没有什么救世主，除了我们自己。

你是独一无二的

　　人是世间万物之灵长，你是世界上独一无二的。

　　谚语有云：

　　播种行为，收获习惯；

第四章 性格自愈力：
一个人失败的原因，在于本身性格的缺点，与环境无关

播种习惯，收获性格；

播种性格，收获命运。

甜蜜的爱情、美满的婚姻、幸福的家庭、亲密的朋友、信赖的知己、腾达的事业、辉煌的成就、别人的仰慕……这一切，我们每个人都想拥有，没有人希望自己在人生之路上遭遇失败。但成功除了离不开机遇与自己的拼搏外，首先要做的和必须要做的，不是战胜外在，而是战胜自己；不是了解别人，而是了解自己。

了解自己主要是指认识自身的性格：是内向还是外向，是封闭还是开明，是自卑还是自信，是懒惰还是勤劳，是虚荣还是朴素，是偏执还是随和，是狭隘还是心胸宽大，是贪婪还是平和……不管是怎样的性格都不要惧怕，因为只要了解了自己性格的特点，就可以发扬优点，克服缺点。法国作家纪德说过，人人都有惊人的潜力，要相信你自己的力量与青春，要不断地告诉自己："万事全在我。"上天只创造了一个独特的你，你是独一无二的。成功胜利由自己创造，失败挫折由自己承担。

就如同这世上没有两片完全相同的树叶，这世上也没有两个完全相同的人，即使是同卵双胞胎外貌上旁人难以区分，但他们的DNA仍有着些微的差异。

也许你有些地方与别人相似，但你仍是无人能取代的，你的一言一行都有自己的个性和选择，因为你是自己的主人。无论高矮胖瘦，你的身体，从头到脚只属于你自己；你的目之所及，耳之所闻，你的脑子，包括情绪思想也只属于你自己。因此，你首先要喜欢自己，接纳自己的一切，然后才能深刻了解自己，进而将自己最好的

一面呈现出来！

　　然而人多少会对自己产生疑惑，内心总有一块连自己也无法理解的角落。但只要你多支持和关爱自己，就必定能鼓起勇气和希望，为心中的疑问找到解答，并更进一步地了解自己。

　　你就是你，世上不会再有第二个你。

保持和发扬自己的特殊性

　　在这个世界上，每一个人都具有与众不同的特殊性。这种特殊性可以表现在一个人的生理素质和心理素质上，也可以表现在一个人的社会阅历与人际关系上。与众不同的特殊性是一个人走向成功和自由的基础；人必须植根于自己的特殊性，忽视自己的特殊性或者故意抹杀自己的特殊性，也许永远也不可能获得真正的成功和自由。

　　尽管宇宙间美好的东西比比皆是，但是，不在烙上自己特殊性印记的那片土地上付出艰辛的人，终将一无所获。

　　很多人在生活和事业上循规蹈矩、谨小慎微，权威怎么说，他们就怎么说；众人怎么做，他们也就怎么做。他们是随波逐流的一群，毫无主见，毫无个性，只知道跟着潮流跑，根本不管潮流的方

第四章　性格自愈力：
一个人失败的原因，在于**本身性格的缺点**，与环境无关

向怎样，也不在乎自己究竟能随大流跑出什么名堂。

有一些人自惭形秽，对自己独特的存在价值缺乏信心，对自己的特殊性感到害羞和不安。他们总想成为别的什么人，而不是他们自己。他们总是羡慕他人，模仿他人，总希望自己长得像别人，吃得像别人，住得像别人，甚至连言谈举止、说话腔调都要效仿他人。

在生存竞争激烈的时代，不展示自己的独特性，不拿出点自己的绝活儿来，连生存都困难，更别谈发展和成功了。

卓别林在进入演艺圈的最初一段时间，煞费苦心地去模仿当时一个闻名遐迩的喜剧大师，结果自己始终默默无闻。后来，卓别林根据自己独有的特殊性创造出了自己的表演风格，这才使他成为有史以来最伟大的电影明星之一。

爱默生曾经说过："羡慕就是无知，模仿就是自杀。"无论是在历史上，还是在现实生活中，不知道有多少天赋非凡的模仿者，由于遗忘或者故意掩饰自己的特殊性，最终都一事无成，沦为追随他人的牺牲品。

当然，模仿别人并不是完全不可以。有时候，模仿一些成功者的想法和做法是十分必要的。但是，除非根据自己的特殊性去模仿，在模仿的过程中融入一些真正属于自己的东西，否则，成功和自由是难以达到的。

生命的意义在于创新的刺激，人生最重要的欢乐在于创造的欢乐。首先必须和别人干得不一样，然后才能比别人干得好；首先必须为这个世界带来一些新的东西，然后才能实现自己的成功和自由。

你就是你，不是别人；你不需要成为别人，你也不可能成为别

人。无论你想在哪一个领域中获得自由与成功,你都必须保持自己的本色,培养属于自己的风格。

毋庸置疑,保持和发扬自己的特殊性并不是轻而易举的。在你的生活和工作中,总有一些人会对你与众不同的特殊性看不惯,他们可能会劝告你,也可能会指责你,甚至还会打击你。由此,在一些无关紧要的方面,你决不应故意与众不同、标新立异;故意与他人不一样虽然会一时惹人注目,但却会为你真正的成功和自由埋下祸根。

正确的做法应当是:在次要的地方,你不妨从众,不妨做出一些妥协和让步,以减少那些不必要的麻烦;而在决定成败、决定前途和命运的关键时刻,务必像雄狮和苍鹰那样独立,坚持自己的独特性,高扬自己的特殊性,决不为任何外在的压力所折服。

生命的负重还要自己托起

人是社会的,更是自己的。我们虽然处在一个和谐的社会,但人生中那些风风雨雨的确时常令我们感到无助,我们想要寻求一些帮助,却觉得并没有人愿意真心以对,于是我们又开始痛苦、开始压抑。其实,大可不必,想开就好。我们并没有与谁签订"互助协

第四章 性格自愈力：
一个人失败的原因，在于本身性格的缺点，与环境无关

议"，我们本就没资格要求谁为自己做什么、奉献什么。实际上求人不如求己，父母兄弟也好，亲戚朋友也罢，虽说是我们生活中最亲近的人，但并不是我们生活的完全寄托者，脚下的路还得自己走，再多的苦也应该自己扛，谁也替代不了，谁也无法代替你去感受。

现实就是这样残酷，这个世界上没有谁是你真正的靠山，你真正可以依靠的只能是你自己，所以当人生遭逢苦难之时，不要一心只想着去找"救命稻草"，你应该静下心来问问自己："我能做什么，我会因此而得到什么？"你的未来，还需要你自己去努力。

有个大学生，以非常优秀的成绩考入加拿大一所著名学府。初来乍到的他因为人地两疏，再加上沟通存在一定障碍，饮食又不习惯等原因，思乡之情越发浓重，没过多久就病倒了。为了治病，他几乎花光了父母给自己寄来的钱，生活渐渐陷入困境。

病好以后，留学生来到当地一家中国餐馆打工，老板答应给他每小时10加元的报酬。但是，还没干到一个星期他就受不了了，在国内，他可从来没做过这么"辛苦"的工作，他扛不住了，于是辞了工作。就这样，他不时依靠父母的帮助，勉勉强强坚持了一个学期，此时他身上的钱已经所剩无几。所以在放假那会儿，他便向校方申请退学，急忙赶回了家乡。

当他走出机场以后，远远便看到前来接机的父亲。一时间，他的心中满是浓浓的亲情，或许还有些委屈、抱怨——他可从来没吃过这么多的苦。父亲看到他也很高兴，张开双臂准备拥抱良久不见的儿子。可是，就在父子即将拥在一起的刹那，父亲突然一个后撤步，儿子顿时扑了个空，重重地摔倒在地。他坐在地上抬头望着父

亲，心中充满了迷惑——难道父亲因为自己退学的事动了真怒？他伸出手，想让父亲将自己拉去，而父亲却无动于衷，只是语重心长地说道："孩子你要记住，跌倒了就要自己爬起来，这个世界上没有任何一个人会是你永远的依靠。你如果想要生存、想要比别人活得更好，只能靠自己站起来！"

听完父亲的话，他心中充满惭愧，他站起来，抖了抖身上的灰尘，接过父亲递给自己的那张返程机票。

他不远万里匆匆赶回家乡，想重温一下久违的亲情，却连家门都没有踏入便返回了学校。从这以后，他发愤努力，无论遇到多少困难、无论跌倒多少次，都咬着牙挺了过来。他一直记着父亲的那句话——"没有任何一个人是你永远的依靠，跌倒了就要自己爬起来！"

一年以后，他拿到了学校的最高奖学金，而且还在一家具有国际影响力的刊物上发表了数篇论文。

别以为靠自己的力量不能将生命张扬，人生路上没有什么不可阻挡。别把太多的希望寄托在别人身上，没有人会永远保护你，父母终究会老去，朋友都会有自己的生活，所有外来的赐予必然日渐远离，所以我们要学着给自己温暖和力量，遇到困难不要灰心、不要抑郁，越是孤单越要坚强，生命的负重还要你来托起。

你要懂得，没有人替你勇敢，没有人可以一辈子为你而活，所以要自己学会坚强。

靠自己才能天长地久

依附对于某些人来说是一种生活的无奈，对于某些人来说是一种"好风凭借力，送我上青云"的所谓捷径，但无论如何，你要有自己站着的能力，否则就算有人真的愿意将你推向高峰，你也不可能在那儿挺立下去。在这个充满竞争的时代中，我们应该更多地丰盈自己的武器库，装满生存技能，才不至于一败涂地。所以，不要一直幻想着天降贵人，自己才是一切问题的关键，在时间无情的流逝里，我们所能保留、能永恒的莫过于自己。

曾看到过这样一则寓言，感慨良多：

一只住在山上的鸟与住在山下的鸟在山脚下相遇。山上的鸟说："我的窝刚搭好，参观参观吧。"山下的鸟便跟着去了，到那儿一看——什么鸟窝？不就是光秃秃的石缝里放着几根干草吗？

"看我的去。"山下的鸟带着山上的鸟来到一家富人的花园。

"看，那就是我的窝。"山上的鸟仰头望去，果然看到一只精致的木制鸟窝悬挂在紫荆树梢，那窝左右有窗，门面南而开，里面铺着厚厚的棉絮。

山下的鸟自豪地说："像我们这种鸟，有漂亮的羽毛，叫声又不

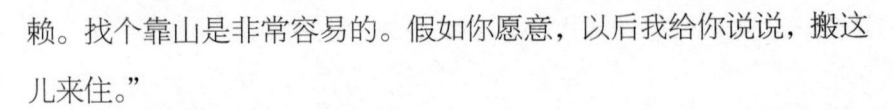

赖。找个靠山是非常容易的。假如你愿意，以后我给你说说，搬这儿来住。"

山上的鸟没有回答，展翅飞走了，再没有回来。

不久后的一天，山上的鸟正在石缝窝里睡觉，听到门口有叫声，伸头一看，山下的鸟正狼狈地站在那儿。它身上的羽毛已不平整，哭丧着脸对山上的鸟说："富翁死了。他的儿子重建花园，把我的窝给拆了。"

人活着，还有什么比依附于人更无助？又有什么比依靠自己更长久？山下那只鸟依附在富翁家中，虽有一时的光鲜，却终敌不过石缝中的几根干草。所以说，与其依附他人，不如好好利用自身资源，求人往往需要付出很大代价，动用种种关系，比起向内求己，相信你知道哪个成本会更高。

再者，就算你所依附的人是个大善人，他也一定会首先照顾自己的利益，而且生活的本身也会有无数问题困扰他，他又怎能时时兼顾着你？所以，别时时想着依附别人，要知道，即使是你的影子也会在黑暗里离开你。

3. 你生命中所有的残忍，多是由胆怯产生的

怯懦是残忍之母。怯懦只是保住所谓的安全的手段，可它不但削减我们的卫护能力，甚至于驱我们至毁灭之崖，使我们碰着历来无意冒犯我们的灾祸。

恐惧，源于你对这个世界的未知

这个世界并不恐怖，恐怖的是你心里的那个芥蒂，人类对于未知的事物始终抱着一种近似于敬畏的恐惧心理。比如说，我们都会感到害怕的鬼故事、鬼电影，这种故事都有一个特点，就是营造荒诞和不可理解的气氛。而真正令我们感到害怕的，并不是鬼会伤人，也不是鬼有多丑陋，恰恰是那种荒诞和不可理解。本质上来说，这一切都源于未知。因为你不知道究竟是怎么回事，可能会要发生什么，你处在一个未知的景象之中，这时，恐惧来得非常单纯和直接，

即便我们知道此时此刻是安全的,也没受到任何外界人或物的攻击和干扰,而对周围一切的未知,就会让我们害怕。

海瑶在学校附近碰见一个农村大姐站在大树底下兜售布袋——一种长方形单面有图案的纯棉购物口袋,价钱相当便宜,只售1元。于是她一口气买了5个。

布袋拿回宿舍,室友们纷纷询问在哪儿捡到的宝,都跃跃欲试去买几个回来。不料一位细心的同学蓦然惊呼:"怎么上面有个'死'字!"定睛一看,布袋的图案四周原来还环着一圈外文,几个较长的单词不认识,字典里也没有,中间一个"die"却赫然触目惊心!再细看图案本身,几个简单而形状怪异的色块拼凑在一起,谁也辨不出那究竟是什么。

"我说这么便宜!""准是邪教的图腾!""巫婆!""咒语!"室友们大呼小叫。

海瑶有点害怕了,接下来不管遇到什么倒霉的事情,室友们都会怪海瑶买来那个"不吉利的东西",海瑶的心里也很忐忑,生怕哪一天飞来横祸。直至一年后,结识了一个外语学院的朋友,海瑶心里的结才解开,"咒语"之谜水落石出:原来那句奇怪的外文其实是德语。"die"是德语中一个再普通不过的冠词,发音为"地",用法相当于英语"the",专用以修饰阴性名词,"咒语"全句的意思是"保护世界环境"。

回头再看那神秘的图案,原来竟是世界七大洲的板块!为了这个忐忑不安这么久,真让海瑶哭笑不得!

我们之所以恐惧那么多,常是因为自己吓自己,是我们将自己

214

第四章　性格自愈力：
一个人失败的原因，在于本身性格的缺点，与环境无关

圈禁在了幻想之中。其实，这世界上本就没有那么多恐怖存在，只是我们硬将它扯了出来。

当然，恐惧是一种与生俱来的情感体验。伍德在《你害怕什么？》一书中形象地描述道："我们对这个世界的最初体验很可能是充满恐惧的。我们被迫离开母亲的子宫——一个柔和，温暖，安宁，舒适的世界——进入到这个世界——它仿佛是一场充满光亮，噪声，寒冷，疼痛的噩梦。婴儿出生的时候，它害怕得身体紧缩，疼痛得面部扭曲，双眼紧闭。也许，我们与母体脱离之后的第一种情绪就是恐惧，第一个反应就是躲避。"人从一出生，就不可避免地要遭遇各种恐惧。安格尔在《学习处理恐惧》一书里这样陈述："我们生活在各种恐惧之中。我们害怕被抛弃，害怕失败，害怕痛苦，害怕死亡。我们害怕上帝是虚构的，害怕生活不过是一场闹剧。我们害怕陌生，害怕怀孕，害怕变老，害怕陷入无助，害怕被抢劫，害怕伤害，害怕看到人受伤害，害怕破产，害怕股市暴跌。害怕不被人所爱，又害怕爱别人太多；害怕受人关注，又害怕被人忽略。害怕陌生人，害怕电梯，害怕犯错误，害怕街头地痞，害怕老鼠，害怕地震，害怕血，害怕人上门讨债。"

恐惧在一定程度上，是合理的，有时逃避也是必需的，为了安全和生存，人可以合理而必要地选择远离令自己感受到威胁的东西，但这个恐惧对象应该是明确而真实的。如果你的恐惧与这个世界并没有真实的联系，你不大能够意识到自己在害怕什么，也不大清楚自己逃避的目的地何在，那么你的恐惧就是虚幻的，你逃避的目标与保存生命的目的背道而驰，这就会给生命带来危害。

那么，怎么来减轻自己的恐惧心理，直到让自己直面恐惧呢？美国著名心理学家霍克如此建议："当你试图克服恐惧的时候，不要冲上前去，让自己一下子面对一切；这样做很糟糕，结果往往会与你预想的目标适得其反，使你原来的恐惧陡然增加十倍。最好的办法是，与你惧怕的对象保持一点儿距离，一步一步，循序渐进地接近它。这样，你会越来越适应你害怕的处境。"

害怕会让机会溜走

机会总是伴随着一定风险或困难降临的，如果你总是心怀恐惧，就一定会与机会失之交臂，因此，抛掉你的恐惧心态吧，这样才能把握机会。

有一个人，在某天晚上碰到了上帝。上帝告诉他，有大事要发生在他身上，他有机会得到很多的财富，他将成为一个了不起的大人物，并在社会上获得卓越的地位，而且会娶到一个漂亮的妻子。

这个人终其一生都在等待这个承诺的实现，可是到头来什么事也没发生。

这个人穷困潦倒地度过了他的一生，最后孤独地死去。

当他上了天堂，又看到了上帝，他很气愤地对上帝说："你说过

第四章 性格自愈力：
一个人失败的原因，在于本身性格的缺点，与环境无关

要给我财富、很高的社会地位和漂亮的妻子，可我等了一辈子，却什么也没有，你在故意欺骗我！"

上帝回答他："我没说过那种话，我只承诺过要给你机会得到财富、一个受人尊重的社会地位和一个漂亮的妻子，可是你却让这些机会从你身边溜走了。"

这个人迷惑了，他说："我不明白你的意思？"

上帝回答道："你是否记得，你曾经有一次想到了一个很好的点子，可是你没有行动，因为你怕失败而不敢去尝试？"

这个人点点头。

上帝继续说："因为你没有去选择，这个点子几年后给了另外一个人，那个人一点也不害怕地去做了，你可能记得那个人，他就是后来变成全国最有钱的那个人。还有，一次在城里发生了大地震，城里大半的房子都毁了，好几千人被困在倒塌的房子里，你有机会去帮忙拯救那些存活的人，可是你害怕小偷会趁你不在家的时候，到你家去打劫，偷东西？"

这个人不好意思地点点头。

上帝说："那是你去拯救几百个人的好机会，而那个机会可以使你在全国得到莫大的尊敬和荣耀啊！"

上帝继续说："有一次你遇到一个金发蓝眼的漂亮女子，当时你被她强烈地吸引了，你从来不曾这么喜欢过一个女人，之后也没有再碰到过像她这么好的女人了。可是你想她不可能会喜欢你，更不可能会答应跟你结婚，因为害怕被拒绝，你眼睁睁地看着她从你身旁溜走了。"

这个人又点点头，可是这次他流下眼泪。

上帝最后说："我的朋友啊！就是她，她本来应是你的妻子，你们会有好几个漂亮的小孩子；而且跟她在一起，你的人生将会有许许多多的乐趣。"

这个人无言以对，懊恼不已。

我们身边每天都会围绕着很多的机会，包括爱的机会。可是我们经常像故事里的那个人一样，总是因为害怕而停止了脚步，结果机会就这样偷偷地溜走了。只有及时抓住机会的人，才能取得人生的成功；而在有准备的人眼中，抓住机会努力改变自己，更多的机会就会出现在眼前。

机会是属于有勇气的人的，而我们往往因为害怕失败而不敢尝试，因为害怕被拒绝而不敢跟他人接触，因为害怕被嘲笑而不敢跟他人沟通情感，因为害怕失落的痛苦而不敢对别人付出承诺。

能否把握机会，实在是决定人生能否成功、是否如意的关键。用一种积极进取的态度对待生活，我们的人生就会得到提升。机会不等人，千万不要让它从你指缝中溜走，否则你就会一事无成。

第四章 性格自愈力：
一个人失败的原因，在于本身性格的缺点，与环境无关

恐惧让你与成功无缘

如今，从市值上看，苹果电脑公司已经成为超级企业。一直以来，大家都只知道已故的乔布斯先生是苹果公司的创始人，其实在30多年前，他是与两位朋友一起创业的，其中一名叫惠恩的搭档，被美国人称为"最没眼光的合伙人"。

惠恩和乔布斯是街坊，两个人从小都爱玩电脑。后来，他们与另一个朋友合作，制造微型电脑出售。这是既赚钱又好玩的生意。所以三个人十分投入，并且成功地制造出了"苹果一号"电脑。在筹备过程中，他们用了很多钱。这三位青年来自中下阶层家庭，根本没有什么资本可言，于是大家四处借贷，请求朋友帮忙。三个人中，惠恩最为吝啬，只筹得了相当于三个人总筹款的十分之一。不过，乔布斯并没有说什么，仍成立了苹果电脑公司，惠恩也成为了小股东，拥有了苹果公司十分之一的股份。

"苹果一号"首次推出便大受市场欢迎，共销售了近10万美元，扣除成本及欠债，他们赚了4.8万美元。在分利时，虽然按理惠恩只能分得4800美元，但在当时这已经是一笔丰厚的回报了。不过，

惠恩并没有收取这笔红利，只是象征性地拿了500美元作为工资，甚至连那十分之一的股份也不要了，便急于退出苹果公司。

当然，惠恩不会想到苹果电脑后来会发展成为超级企业。否则，即使惠恩当年什么也不做，继续持有那十分之一的股份，到现在他的身价也足以达到10亿美元了。

那么，当年惠恩为什么会愿意放弃这一切呢？原来，他很担心乔布斯，因为对方太有野心，他怕乔布斯太急功近利，会使公司负上巨额债务，从而连累了自己。

惠恩在放弃自己应该承担的责任的同时，也就宣告与成功及财富擦肩而过了。

事实上，像惠恩一样总想着逃避的人并不在少数，当今社会，"怕事"似乎已经成了一种时代病。面对责任，许多人都在"躲猫猫"。面对社会的压力，许多人被压弯了脊梁骨，这种行为从心理学上来看也是不正常的。许多研究心理健康的专家一致认为，适应良好的人或心理健康的人，能以"解决问题"的心态和行为面对挑战，而不是逃避问题，怨天尤人。

从成功学的角度说，一个人如果不敢向高难度的生活挑战，就是对自己潜能的画地为牢。这样只能使自己无限的潜能得不到发挥，白白浪费掉。这时，不管你有多高的才华，工作上也很难有所突破，职场上遭遇挫折更不是什么新鲜事。

从心理学的角度上说，等着挨打的心情是消极的，那种等待的过程与被打的结果都是令人沮丧的。一个人在心理状况最糟糕的状态下，不是走向崩溃就是走向希望和光明。有些人之所以有着不如意的遭遇，很大程度上是由于他们个人主观意识在起着决定性作用，他们选择了逃避。如果我们能够善待自己、接纳自己，并不断克服自身的缺陷，克服逃避心理，那么我们就能拥有更为完美的人生。

战胜心里的魔鬼

　　恐惧是来自内心的魔鬼，它会毒害你，扼杀你的信心、勇气，让你变成一个彻头彻尾的胆小鬼、失败者。因此，你必须消灭它，这样你才能活得轻松快乐。

　　困境中如果你认为自己真的完了，那你就永远失去了站立的机会。

　　两人结伴横穿沙漠，水喝完了，其中一个中暑病倒，不能行动。剩下的那个健康而又饥饿的人对同伴说："好吧，你在这里等着，我去寻找水源。"把手枪塞在同伴的手里说："枪里有五颗子弹，记住，三个小时后，每小时对空鸣枪一声，枪声指引我；我会找到正确的方向，然后与你会合。"

　　两人分手，一个充满信心地去找水，一个满腹狐疑地卧在沙漠里等待。他看表，按时鸣枪。除了自己以外，他很难相信还会有人听见枪声。他的恐惧加深，认为那同伴找水失败，中途渴死。不久，又觉得同伴找到水，弃他而去，不再回来。

到应该击发第五枪的时候，这人悲愤地思量："这是最后一颗子弹了，伙伴早已听不见我的枪声，等到这颗子弹用完之后，我还有什么依靠呢？我只有等死而已。而且，在一息尚存之际，兀鹰会啄瞎我的眼睛，那是多么痛苦，还不如……"于是，第五次鸣枪时，他用枪口对准了自己的太阳穴。

不久后，那提着满壶清水的同伴领着一队骆驼商旅循声而至，但找到的却是一具尸体。

不可否认，每个人都曾有过畏惧，没有人从小到大从来都不曾畏惧过。但有些人走过了一个坎儿，翻过了一座山，终于学会了勇敢，有些人走过了一个坎儿，却难翻过一座山，因为他学会的是更畏惧，于是他面对的只有悲剧的上演。

某大公司招聘职员，有一位刚毕业的应聘者面试后，等待录用通知时一直惴惴不安。等了好久，该公司的信函才寄到了他手里，然而打开后却是未被录用的通知。这个消息简直让他无法承受，他对自己的能力失去了信心，觉得再试其他公司也会一败涂地，于是服药自尽。

幸运的是，他并没有死，刚刚抢救过来，又收到该公司的一封致歉信和录用通知，原来电脑出了点差错，他是榜上有名的。这让他十分惊喜，急忙赶到公司报到。

公司主管见到他的第一句话却是：

"你被辞退了。"

第四章 性格自愈力：
一个人失败的原因，在于本身性格的缺点，与环境无关

"为什么？我明明拿着录用通知。"

"是的，可是我们刚刚得知你因为收到未被录用的通知而自杀的事，我们公司不需要连一点挫折打击都受不了的人，即使你再有能力，我们也不打算录用。因为公司今后可能会出现危机，我们需要员工能不畏艰难与公司共存亡，如果员工自己都无法克服畏惧心理，怎么能让公司也转危为安？"

这位应聘者彻底失去了这份工作，原因何在呢？很显然，是因为他对自己的能力没有正确的评价，偶然受了点打击便轻视自己而畏缩不前，对未来不抱有希望，这是心理极度脆弱的表现。他没有想到自己失去工作，不是失在严格而苛刻的公司经理的考题上，也不是败给实力不俗的竞争对手，恰恰是自己的畏惧，挡住了自己梦寐以求的发展道路。

畏惧是人生成功的大敌，它会损耗你的精力，折磨你的身心，缩短你的寿命，让你失去信心，阻止你获得人生中一切美好的东西，克服它你才能给自己赢得一次成功的机会，如果你不愿失败，就立即行动向畏惧挑战，人生的路很漫长，如果你一直都无法面对心底的这个魔鬼，到头来后悔也来不及了。

一味逃避不如勇敢直面

一味逃避是懦弱的表现，并且不可能解决问题，反而会让事情越来越糟。因此，必须学会直面现实，勇敢地解决出现的问题。

A 君是某公司经理，一次，他的一个助手出了一个纰漏，给公司造成了损失，六神无主的助手找到 A 君，表示要辞职。这时，A 君给他讲了一个藏在心里已久的秘密："8 年前，我受雇于一家建筑公司当业务员，由于我的勤劳能干，大量欠款源源不断地收回，公司颓败的景象颇有改观。老板也很赏识我，几次邀我到他家吃饭。就在这时，他唯一的女儿悄悄地爱上了我，常常送一些精美的小玩意儿给我。我起初不敢接受，后来碍于情面只得收下。就这样过了两年，当有一天我告诉她我不能再给予她太多时，她一气之下寻了短见。

"她的三个哥哥咆哮不止，扬言非要我偿命不可。那时我手里已有了为数不少的积蓄，很多人劝我一走了之。我没有这样做，心里只有一个念头：事因既然在我，我必须回去面对这一切，是死是活——无关紧要。

"当我走进她的家门，一群人向我扑来，可她的父亲——我的老板向其他人摆了摆手，走上来紧握着我的手，良久才缓缓地说了这么一句话：'一个女人愿意为你献身，说明你是一个不同凡响的人；你敢来面对这一切，说明你是一个有血有肉的人。'"

A君的话给了他的助手很大触动，他决定留下来，接受董事会的裁决。结果，董事会认为他敢于面对问题，只是扣了他两个月奖金。

故事中A君明知老板家等着他的是一场暴风雨，却没有因此一走了之，而是勇敢地去面对，这种精神值得我们每个人学习。生活中，当发生一些困难的事或令人痛苦的事时，很多人都习惯于逃避，然而事实就是事实，已经发生的不可能再改变。逃避、不敢面对其实就是在自我欺骗，这样只会使人变得更痛苦。而且一旦逃避成了习惯，人就会变得消沉，不再进取，到头来一事无成。

已故的布斯·塔金顿总是说："人生加之于我的任何事情，我都能面对，除了一样，就是瞎眼。那是我永远也无法忍受的。"

但是这种不幸偏偏降临了，在他60多岁的时候，他发现自己看东西时，色彩整个是模糊的。他去找了一个眼科专家，证实了不幸的事实：他的视力在减退，有一只眼睛几乎全瞎了，另一只好不了多少。他最怕的事情，终于发生了。

塔金顿对这种"无法忍受"的灾难有什么反应呢？他是不是觉得"这下完了，我这一辈子到这里就完了"呢？没有，他自己也没有想到他还能非常开心，甚至于还能运用他的幽默。以前，浮动的黑影令他很难过，它们时时在他眼前游过，遮挡他的视线，可是现在，当那些最大的黑影从他眼前晃过的时候，他却会说："嘿，黑影来了，不知道今天这么好的天气，它要到哪里去。"

当塔金顿完全失明之后，他说："我发现自己是个能承受视力减弱的人，就像一个人能承受别的事情一样。要是我五种感官全丧失了，我知道我还能够继续生存在我的思想里，因为我们只有在思想里才能够看，只有在思想里才能够生活，无论我们是否知道这一点。"

塔金顿为了恢复视力，在1年之内接受了12次手术，为他动手术的是当地的眼科医生。他没有害怕，他知道这都是必要的，他知道他没有办法逃避，所以唯一能减轻他痛苦的办法，就是爽爽快快地去接受它。他拒绝在医院里用私人病房，而住进大病房里，和其他的病人在一起，他试着让大家开心，而在他必须接受好几次手术时——而且他很清楚地知道在他眼睛里动了些什么手术——他总是尽力让自己去想他是多么的幸运。"多么好啊，"他说，"现在科学的发展已经到了这种地步，能够为像人的眼睛这么纤细的东西动手术了。"

一般人如果经历12次以上的手术和不见天日的生活，恐怕都会发疯发狂了。可是塔金顿说："我可不愿意把这次经历拿去换一些更开心的事情。"这件事教会他面对不如意的事，就像他所说的："瞎眼并不令人难过，难过的是你不能面对这个事实。"

在一生中，我们也常常遇到失败，失败就是这样，你逃避它，它就拼命地追逐你，你面对它，它就会停步。所以说，失败并不可怕，不敢面对它才更可怕。

日本大企业家松下幸之助对此理念阐述得最透彻，他说："跌倒了就要站起来，而且更要往前走。跌倒了站起来只是半个人，站起来后再往前走才是完整的人。"

第四章 性格自愈力：
一个人失败的原因，在于本身性格的缺点，与环境无关

日本三洋电机公司顾问石藤清一，曾在松下电器公司担任厂长，当时松下幸之助就给他最好的教育机会。有一次，日本遭逢有史以来最狂暴的台风，虽无人员伤亡，但工厂却接近全毁。石藤心想：好不容易迁到新厂，正想全力生产、大干特干时，却遭此打击，老板心理上一定很沮丧吧！

松下是在台风即将停止之前赶到工厂的，此时不巧松下夫人亦身体不适而住院，他是探病后再赶来的。

"老板，不好了，工厂遭逢巨变，损失惨重，我来当向导，请巡视工厂一趟吧！"

"不必了，不要紧，不要紧。"

"……"（彼此无语）

老板手中握着纸扇，仔细地端详它，横看、纵看，神情异常地冷静。

"不要紧，不要紧。失败没什么了不起的，跌倒就应爬起来。婴儿若不跌倒就永远学不会走路。孩子也是，跌倒了就应立即站起来，号哭是没有用的，不是吗？"

松下说完掉头就走，对工厂的灾难毫无惊恐失色之态，就快速离去。

胜败乃兵家常事，重要的是要敢于面对失败，重整旗鼓，开辟人生另一个战场。

逃避现实世界不快的人，永远也无法获得成功。生命中总有这样或那样的挫折，只有勇敢面对，才能真正地享受生活。

4. 人生中的失败者，往往是不能坚持到成功的人

我们最大的弱点就在于放弃，只有毅力才会使我们成功，而毅力的来源又在于毫不动摇，坚决采取为达到成功所需要的手段。

生命的绽放有时需要去等待

生命的绽放有时需要去等待。因为人生不会总是一帆风顺，春风得意。在那些不顺利、不如意面前，我们需要的是坚韧的精神，在等待中积聚力量，然后实现灿烂的绽放。

旅行家安东尼奥·雷蒙达前往南美探险，当他历尽艰辛登上海拔 4000 多米的安第斯高原时，被荒凉的草地上一种巨大的草本植物吸引了。

他马上跑了过去。那植物正在开着花儿，极是壮观，巨大的花穗高达 10 米，像一座座塔般矗立着。每个花穗之上约有上万

第四章 性格自愈力：
一个人失败的原因，在于本身性格的缺点，与环境无关

朵花，空气中流动着浓郁的香气。雷蒙达走遍世界各地，从来没有见过这样的奇花，他满怀惊叹地绕着这些花细细地观赏。他发现，有的花正在凋谢，而花谢之后，植物便枯萎了！这到底是什么植物？

正当雷蒙达满心疑惑之时，在脚下松软的枯枝败草中，他踩到了一样东西，拾起一看，是一只封闭的铁罐。他撬开铁罐，从中拿出一张羊皮卷来。他小心地展开羊皮卷，上面写着字，虽然有些模糊，但他还是细细地看下去。这是一篇旅行日记，日期是 70 年前，原来曾经有人到过这里，并关注着这种植物。日记中写道："我被这种植物吸引了，研究许久，不知它们是否会开花儿。经我的判断，它们已经生长了 30 年了……"雷蒙达极为震惊，难道这种植物要生长 100 年才会开花？

雷蒙达回去以后，将这件事告知了植物学家，植物学家们亲临高原考察，得出结论，这是一个新物种，它们的确是 100 年才开一次花！他们称这种植物为普雅。

用 100 年的生命去摇曳一次的美丽，普雅花丰盈了自己的一生，也许并不是为了灿烂世人的眼睛。这样的植物，从萌芽到凋零，都是美丽的！因为，在那百年的历程中，有多少风霜？有多少苦寒？这需要怎样的坚韧？怎样的积蓄？可以说，最后那一刻的绽放，不只是惊世之美，更是对坚守生命价值所作出的最圆满的诠释。

那么想想我们自己，当初立下志向的时候，为的是什么？还不是为了让自己的生命更有价值，让自己的一生不至于庸碌无为，浑

浑噩噩。现在如果你想放弃了，不遗憾吗？的确，坚持做一件事情很辛苦，甚至可能不会得到想要的结果，但放弃了，就意味着你之前所付出的一切努力都要付诸东流，不可惜吗？坚持的过程虽然辛苦，但对于人生的意义已经超越了事情本身。

一位登山爱好者决定挑战自己所能承受的极限，他从尼泊尔首都加德满都出发，顺着中尼公路向前行进，最终翻越了喜马拉雅山。

这次挑战用时 46 天，登山爱好者共计徒步行走 1099 千米，其艰辛与困难程度，简直无法用笔墨和言语来形容。

对于这段艰苦的经历，登山爱好者如是说道："在这个过程中，我的痛苦不仅仅是生理上的，它最多的其实是心理上的障碍。"

事实上，很多登山爱好者应该都有过类似体验。在登山的过程中，我们每天真正担心的并不是山有多高、山路有多么陡峭险峻，而是最基本的生活问题。譬如，哪里才是下一站、才能休息？前面的路上还有哪些无法预知的危险，等等。

这位登山爱好者回忆起当时的情景，他说："那时我一直不断重复着一个念头——'我还能活着出去吗？'虽然心中忐忑不安，但我从未停止爬向下一个目标的脚步。因为在那种环境下，你一旦**懈怠**，不能在预计的时间内到达目标地点，说不准就会发生什么。所以我不断地给自己鼓劲——'无论如何都要坚持下去，你一定行的！'"

坚持到最后结果就是，登山爱好者惊喜地发现，自己已经在不知不觉中突破了极限！

破茧成蝶，是撕掉一层皮的痛苦，过程的历练能让人铭心刻骨。没有人可以代你成长，一切只是一个人的坚持，痛过之后方有惊现的美丽，坚持过后才有灿烂的绽放。面对人生中的痛苦，我们若能像普雅花一样，用不移的坚守体现生命的价值，那么就可以期望在事业上有所建树。

人生中的失败者，往往是不能坚持到成功的人

大多数的人只是看到了成功人士的无限风光，而那些不为人知的经历才是他们眼中莫大的财富。世上有很多著名的失败案例，但这之后几乎都是耀眼璀璨的成功，面对困境，人们可能担心、惶恐、慌乱，也可能努力去解决问题。动摇和恐惧，会使问题更难解决，而集中精神努力去解决问题，才能挺过艰难的时刻。只有咬紧牙关，一步步努力撑下去。

性格坚韧，是成大事、立大业者的特征。这些人获得巨大的事业成就，也许没有其他卓越品质的辅助，但肯定少不了坚韧的特性。已过世的克雷吉夫人说过："美国人成功的秘诀，就是不怕失败。他们在事业上竭尽全力，毫不顾忌失败，即使失败也会卷土重来，并立下比以前更坚韧的决心，努力奋斗直到成功。"

坚韧、勇敢，是伟大人物的特征。没有坚韧、勇敢品质的人，不敢抓住机会，不敢冒险，一遇困难，便会自动退缩，一获小小成就，便感到满足。

那些一心要得胜、立志要成功的人即使失败，也不以一时失败为最后之结局，还会继续奋斗，在每次遭到失败后再重新站起，比以前更有决心地向前努力，不达目的绝不罢休。他们不知道什么是"最后的失败"，在他们的词汇里面，也找不到"不能"和"不可能"几个词，任何困难、阻碍都不足以使他们跌倒，任何灾祸、不幸都不足以使他们灰心。

有这样一个故事：在一场国际现代舞蹈大赛中，世界各国都派出"舞林高手"展现舞技，其中有一项是华尔兹的比赛，有十多对来自不同国家的舞者，穿着亮丽的舞衣在场中翩翩起舞。

世界级的舞蹈，男女舞者的舞技都是一流的，每个旋转、手势、眼神、微笑都是那么优雅，令人叹为观止。

正当所有观众都被现场气氛吸引时，有一位裁判慢慢地走到舞池边，静静地捡起一只红色的高跟鞋。然而，华尔兹的优美乐曲并没有停止，十多对舞者仍然一副专注、忘我的模样，微笑着继续舞蹈。

是谁掉了一只鞋？不可能是从天外飞来的，也不会是从房顶上掉下来的，一定是哪位女舞者在旋转时甩掉的。

音乐继续着，但是所有观众的目光似乎都开始寻找"是谁掉了鞋"。

两脚高低不同，对一场舞蹈来说，是多么糟糕的状况啊！观众

第四章 性格自愈力：
一个人失败的原因，在于本身性格的缺点，与环境无关

的目光搜寻全场，然而十多对舞者随着乐曲不停地旋转，根本看不出是谁出了问题。

直到华尔兹乐曲结束，观众才发现，其中一位女舞者正踮着脚，满面笑容地半弯着腰，向观众答礼；而观众向她报以热烈的掌声！或许，正是因为有困境的考验，人们才能不断超越自己。

那些人生的失败者，往往是不能坚持到成功的人。

著名心理学家、哲学家威廉·詹姆斯发现了这样的过程："如果我们被一种不寻常的需要推动时，那么，奇迹将会发生。疲惫达到极限点时，或许是逐渐地，或许是突然间，我们超越了这个极限点，找到了全新的自我！"詹姆斯继续解释道，"此时，我们的力量显然到达了一个新的层次，这是经验不断积累、不断丰富的过程。直到有一天，我们突然发现自己竟然拥有了不可思议的力量，并感觉到难以言表的轻松。"

同样，我们拥有了高度自律的能力，我们也将拥有詹姆斯所描述的那种跨越"疲惫极限"并最终实现目标的能力，因为坚韧实际上也是一种习惯。坚韧这一习惯的过人之处便在于，你表现得越坚韧，你可能变得越坚韧。

事实是，坚韧对于改变我们的生活、实现我们的目标至关重要。许多事实证明，世界上一切事业，只要人们勇敢地坚持去做，都会获得成功，所有的困难、挫折可以被尽数打破。

如果你觉得目前自己前途无望，觉得周围一切都很黑暗惨淡，那么你应当立即转过身、回过头，朝着希望和期待的阳光前进，而将黑暗的阴影远远抛在身后。

坚韧是解决一切困难的钥匙，试看诸事百业，有哪一种可以不经坚韧的努力而获得成功呢？

在世界上，没有什么东西可以替代坚韧，教育不能，父辈的遗产不能，有力者的垂青也不能，而命运则更不能，因为宿命论者总是在忧忧戚戚中耗费自己的青春。

真正的勇敢不是对什么事都毫不畏惧，而恰恰是在自己非常胆怯的情况下敢于去做！真正的强者并不是一直处于成功巅峰的人，而是属于敢于直面失败、挫折的人！

生活就像海洋，唯有意志坚定的人才能到达彼岸

有人问英国著名登山家马洛里："你为什么要去攀登世界最高峰？"马洛里回答："因为山就在那里。"其实，我们每个人心中都有一座山，只不过，有些人生性怯懦，畏缩不前；有些人信念坚定，即便山高路远，依然一往无前。不为别的，只为登上山顶，品尝一下什么是幸福。

他生长在一个酒赌暴力家庭，父亲赌输了就拿他和母亲撒气，母亲喝醉了酒又拿他来发泄，他常常是鼻青脸肿。

高中毕业后，他辍学在街头当起了混混，直到 20 岁那年，有一

第四章 性格自愈力：
一个人失败的原因，在于本身性格的缺点，与环境无关

件偶然的事刺痛了他的心。再也不能这样下去了，要不就会跟父母一样，成为社会的垃圾，我一定要成功！

他开始思索规划自己的人生：从政，可能性几乎为零；进大公司，自己没有学历文凭和经验；经商，没有任何的资金，竟没有一个适合他的工作，他便想到了当演员，不要资本，不需名声，虽说当演员也要条件和天赋，但他就是认准了当演员这条路！

于是，他来到好莱坞，找明星、求导演、找制片，寻找一切可能使他成为演员的人，四处哀求："给我一次机会吧。我一定能够成功！"可他得来的只是一次次的拒绝。

"世上没有做不成的事！我一定要成功！"他依旧痴心不改，一晃两年过去了，遭受到了1000多次的拒绝，身上的钱花光了，他便在好莱坞打工，做些粗重的零活以养活自己。

"我真的不是当演员的料吗？难道酒赌世家的孩子只能是酒鬼、赌鬼吗？不行，我一定要成功！"他暗自垂泪，失声痛哭。

"既然直接当不了演员，我能否改变一下方式呢？"他开始重新规划自己的人生道路，开始写起剧本来，两年多的耳濡目染，两年多的求职失败经历，现在的他已经不是过去的他了。

一年之后，剧本写出来了，他又拿着剧本四处遍访导演，"让我当男主角吧，我一定行！"

"剧本不错，当男主角，简直是天大的玩笑！"他又遭受了一次次的拒绝。"也许下一次就行！我一定能够成功！"一次次失望，一个个的希望又支持着他！"我不知道你能否演好，但你的精神一次次地感动着我。我可以给你一次机会，但我要把你的剧

本改成电视连续剧，同时，先只拍一集，就让你当男主角，看看效果再说。如果效果不好，你便从此断绝这个念头！"在他遭遇1800多次拒绝后的一天，一个曾拒绝过他20多次的导演终于给了他一丝希望。

他经过3年多的准备，现在终于可以一展身手了，因此，他丝毫不敢懈怠，全身心地投入。第一集电视连续剧创下了当时全美最高收视纪录，最终，他成功了！

此后，在他所有的电影中，都彰显着他永不低头的个性，他在动作片领域的表现令他成为动作明星的典范，也成为当代美国电影的一个标志性人物。他就是史泰龙，开创了动作影星的辉煌业绩，和紧随其后的阿诺·施瓦辛格、布鲁斯·威利斯等动作影星，把动作影片带进了最繁荣的20世纪80年代。

一个人若想好好地生存，就需要忍耐与坚持。

有人总将别人的成功归咎于运气。诚然，是有那么一点点运气的成分，但运气这东西并不可靠，你见过哪一个英雄是完全依靠运气成功的？而执着，却能使成功成为必然！执着，就是要我们在确立合理目标以后，无论出现多少变故、无论面对多少艰难险阻，都不为所动，朝着自己的目标坚定不移地走下去。

第四章　性格自愈力：
一个人失败的原因，在于本身性格的缺点，与环境无关

放弃的念头，极易毁掉之前所有的努力

成功与失败的区别只在一念之间，也许完全取决于你能否坚持到最后的一刻。

很多人都是在事业初期奋斗热情高涨，斗志昂扬，在这一阶段，普通人与成功人士并没有太大的差别。往往到最后那一刻，顽强者与懈怠者便出现了不同之处：前者克服一切困难一直撑到最后，而后者却被困难击倒，放弃了努力，在中途便停了下来。于是，便产生了不同的结局。

一位年轻人刚刚毕业，便来到海上油田钻井队工作。第一天上班，带班的班长提出这样一个要求：在限定的时间内登上几十米高的钻井架，然后将一个包装好的漂亮盒子送到最顶层的主管手里。年轻人听后，尽管百思不得其解，但他还是按照要求去做了，他快步登上了高高的狭窄的舷梯，然后气喘吁吁地将盒子交给主管。主管只在上面签下了自己的名字，然后让他送回去。他仍然按照要求去做，快步跑下舷梯，把盒子交给班长，班长和主管一样，同样在上面签下自己的名字，接着再让他送交给主管。

这时，他有些犹豫。但是依然照做了，当他第二次登上顶层把

盒子交给主管时，已累得两腿直发抖。可是主管却和上次一样，签下自己的名字之后，让他把盒子再送回去。年轻人把汗水擦干净，转身又向舷梯走去，把盒子送下来，班长签完字，让他再送上去。他实在忍不住了，用愤怒的眼神看着班长平静的脸，但是他尽力装出一副平静的样子，又拿起盒子艰难地往上爬。当他上到最顶层时，衣服都湿透了，他第三次把盒子递给主管，主管傲慢地说："请你帮我把盒子打开。"他将包装纸撕开，看到盒子里面是一罐咖啡和一罐咖啡伴侣。这时，他再也忍不住了，怒气冲冲地看着主管。主管好像并没有发现他已经生气了，只丢下一句冰冷的话："现在请你把咖啡冲上！"年轻人终于爆发了，把盒子重重地摔在了地上，然后说了一句："这份工作，我不干了！"说完，他看看摔在地上的盒子，刚才的怒气一下子都释放了出来。

这时，那位傲慢的主管以最快的速度站起来，直视他说："年轻人，刚才我们做的这一切，被称为承受极限训练，因为每一个在海上作业的人，随时都有可能遇到危险。不幸的是，你没有坚持到最后，虽然你通过了前三次，可是最后你却因难忍一时之气而功亏一篑。要知道，只差最后一点点，你就可以喝到自己冲的甜咖啡。现在，你可以走了。"

人生成功的转折点，关键在于能够一直坚持下去。那些毅力不够的人，在困难面前往往选择逃避或半途而废。人生中几乎所有一切的失败，都是起因于他们自己对于所企望的事情的疑惑，源于他们没有坚持到底，没有再接再厉，没有一直努力下去。这像我们爬山一样，在即将到达顶峰时若不能再使一点力气，那就有可能前功尽弃到不了峰顶，这就是成功与失败的最本质的区别。换言之，成功与失败，就看他能否在这一步上坚持到底。

所以说不管在什么样的情况下，都不要让自己变得那么的懦弱，不要因为暂时的一点挫折，而放弃本应该属于自己的成功，也不要因为自己暂时的失败，而放弃了自己的梦想。一个人贵在有成功的欲望，要相信只要自己不让百分之一放弃的思想滋生，那么自己就会拥有百分之百的成功。

不寻常的事业往往源于不寻常的坚持

在日常生活中，一个绝境就是一次挑战、一次机遇，如果你不是被吓倒，而是奋力一搏，也许你会因此而创造超越自我的奇迹。

多年前，富有创造精神的工程师约翰·罗布林雄心勃勃地意欲着手建造一座横跨曼哈顿和布鲁克林的桥。然而桥梁专家们却说这计划纯属天方夜谭，不如趁早放弃。罗布林的儿子华盛顿，是一个很有前途的工程师，也确信这座大桥可以建成。父子俩克服了种种困难，在构思着建桥方案的同时也说服了银行家们投资该项目。

然而桥开工仅几个月，施工现场就发生了灾难性的事故。罗布林在事故中不幸身亡，华盛顿的大脑也严重受伤。许多人都以为这项工程会因此泡汤，因为只有罗布林父子才知道如何把这座大桥建成。

尽管华盛顿丧失了活动和说话的能力，但他的思维还同以往一样敏锐，他决心要把父子俩费了很多心血的大桥建成。一天，他脑中忽然一闪，想出一种用他唯一能动的一个手指和别人交流的方式。他用那只手敲击他妻子的手臂，通过这种密码方式由妻子把他的设计意图转达给仍在建桥的工程师们。**整整13年，华盛顿就这样用一根手指指挥工程，直到雄伟壮观的布鲁克林大桥最终落成。**

坚持很重要，一个人无论想做成什么事，坚持都是必不可少的，坚持下去，才有成功的可能。说起来，我们坚持一次或许并不难，难的是一如既往地坚持下去，直到最后获得成功。但是，如果我们这样做了，恐怕就没有什么事情能够难倒我们了。当你想要放弃时，不妨想想这个故事，只要愿意坚持，也许阳光就在转弯的不远处，如果此刻放弃，我们将永远看不到成功的希望。

开弓没有回头箭，箭镞一旦射出，必然有去无回。人生亦应如此，迈出脚步以后，若发现路上设有障碍，不妨绕过去或是另辟蹊径，但绝对不能后退到原点，这是我们做人必须奉行的一种坚持！所以，别让外在力量影响你的行动，虽然你必须对压力做出反应，但你同样必须每天以既定方针为基础向前迈进。

第四章 性格自愈力：
一个人失败的原因，在于本身性格的缺点，与环境无关

再试一次，结果也许就大不一样

有位小伙子爱上了一位美丽的姑娘。他壮着胆子给姑娘写了一封求爱信。没几天她给他回了一封奇怪的信。这封信的封面上署有姑娘的名字，可信封内却空无一物。小伙子感到奇怪：如果是接受，那就明确说出；如果不接受，也可以明确说出，或者干脆不回信。

小伙子鼓足信心，日复一日地给姑娘写信，而姑娘照样寄来一封又一封的无字信。一年之后，小伙子寄出了整整99封信，也收到了99封回信。小伙子拆开前98封回信，全是空信封。对第99封回信，小伙子没有拆开它，他再也不敢抱任何希望。他心灰意冷地把那第99封回信放在一个精致的木匣中，从此不再给姑娘写信。

两年后，小伙子和另外一位姑娘结婚了。新婚不久，妻子在一次清理家什时，偶然翻出了木匣中的那封信，好奇地拆开一看，里面的信纸上写着：已做好了嫁衣，在你的第100封信来的时候，我就做你的新娘。

当夜，已为人夫的小伙子爬上摩天大厦的楼顶，手捧着99封回信，望着万家灯火的美丽城市，不觉间已是潸然泪下。

因为屡屡碰壁，便放弃努力，最终与梦想擦肩而过，有多少人

都是这样的？许多时候，真正让梦想遥不可及的并不是没有机遇，而是面对近在眼前的机遇，我们没有去"再试一次"。要知道，常常是最后一把钥匙打开了门。

在绝望中多坚持一下下，往往会带来惊人的喜悦。上帝不会给人不能承受的痛苦，所有的苦都可以忍耐，事实上，一个人只要具备了坚忍的品质，便可以苦中取乐，若懂得苦中取乐，则必然会苦尽甘来。

美国有个年轻人去微软公司求职，而微软公司当时并没有刊登过应聘广告，看到人事经理迷惑不解的表情，年轻人解释说自己碰巧路过这里，就贸然来了。人事经理觉得这事很新鲜，就破例让他试了一次，面试的结果却出乎人事经理意料之外，他原以为，这个年轻人定然是有些本事才敢如此"自负"，所以给了他机会，然而年轻人的表现却非常糟糕，他对人事经理的解释是事先没有做好准备，人事经理认为他不过是找个托词下台阶，就随口应道："等您准备好了再来吧。"

一周以后，年轻人再次走进了微软公司的大门，这次他依然没有成功，但与上一次相比，他的表现已经好很多了。人事经理的回答仍同上次："等您准备好了再来吧。"

就这样，这个年轻人先后5次踏进微软公司的大门，最终被公司录取。

做人的道理，就好比堆土为山，只要坚忍下去，终归有成功的一天。否则，眼看还差一筐土就堆成了，可是到了这时，你却歇了下来，一退而不可收拾，也就会功亏一篑，没有任何成果。所以说，

第四章　性格自愈力：
一个人失败的原因，在于本身性格的缺点，与环境无关

只有勤奋上进，不畏艰辛一往无前，才是向成功接近的最好途径。

或许我们一路走来荆棘遍布；或许我们的前途山重水复；或许我们一直孤立无助；或许我们高贵的灵魂暂时找不到寄宿……那么，是不是我们就要放弃自己？不！我们为什么不可以拿出勇者的气魄，坚定而自信地对自己说一声："再试一次！"再试一次，结果也许就大不一样。

成功，有时就薄如一张纸，穿过了你自会知道，但是，在没有抵达之前，它看上去是那么遥远！在这条道路上，你没有耐心去等待成功的到来，那么，你只好用一生的耐心去面对失败。